CECIAS
KB253136
MARE GLACIALE
CIRCVLVS ARCTICVS
SEPTENTRIO
TAVEROVNI CIMAGVA
CHATAI
CATAI
SERICA REGIO
SCITHIA INTRA IMAVM
SCITHIA EXTRA IMAV
ASIA
MARE HIRCANVM SIVE CASPIVM
INDIA MERIDIONALIS
INDIA EXTRA GANGEM
INDIA INTRA GANGEM
ABBIA FELIX
SINVS GANGETICVS
TAPROBANA IAVA MINOR
EQVINOCTIALIS
OCCEANVS INDICVS MERIDIONALIS
INDIA
REGIO PATAL
GEYLAM
TROPICVS CAPRICORNI
MADAGASCAR
JAVA MAIOR
EVR
NOTVS
AVSTER

지도를 만든 사람들

국립중앙도서관 출판시도서목록(CIP)

지도를 만든 사람들 : 미지의 세계로 가는 길을 그리다 / 발 로스
지음 ; 홍영분 옮김. -- 서울 : 아침이슬, 2007
    p. ;   cm

원서명 : The road to there
원저자명 : Ross, Val
색인수록
ISBN 978-89-88996-73-7 43980 : ₩12000

989-KDC4
912.09-DDC21   CIP2007000558

아침이슬

소설 『반지의 제왕』에 등장하는 미들 어스나 모르도르는 오직 상상 속에만 존재하는 곳이다. 걸리버가 도착한 소인국 릴리풋도 『보물섬』, 『오즈의 마법사』, 『쥬라기 공원』의 인물들이 모험을 벌이는 곳도, 컴퓨터 게임 〈심 시티〉의 배경도 마찬가지이다. 책이나 컴퓨터 게임에는 주인공들이 살아 움직이는 그곳이 자세히 묘사되어 있지만, 누구도 실제로 그곳에 가서 이야기 속의 길을 따라 걸을 수는 없다.

어릴 때 루이스의 판타지 소설 『나니아 연대기』에 삽입된, 중세 지도처럼 생긴 그림을 보고, 나도 상상 속의 세계를 지도로 그려 본 적이 있다. 그 지도에는 전쟁이 일어난 도시들과 망망한 바다를 가로지르며 나아가는 커다란 범선들도 함께 그려졌다. 그때는 색연필로 예쁘게 색칠해 나만의 지도를 만들었지만, 지금이라면 컴퓨터로 작업하였을 것이다.

우리 주변에는 여러 종류의 지도들이 있다. 실제 지형을 수학적으로 축척해 지도상에 옮겨 놓은 것도 있고, 수치를 단순화해 도표로 나타낸 것들도 있다. 더러는 지형을 묘사한 내용을 이야기나 노랫말에 실어 입에서 입으로 전해 주는 구전 형식의 지도도 있다.

어느 시대이든, 지도는 그 시대의 가장 과학적인 방법들이 동원되어 만들어지지만 어느 정도는 그것을 만드는 사람들의 상상이 더해지게 마련이다. 지도를 만드는 사람들은 어떤 나라는 분홍색으로 칠하고 어떤 나라는 노랑으로 칠한다. 또 세계 지도 위에 휙 그물을 던진 후, 그렇게 만들어진 선들을 '위도, 경도'라고 부르기도 한다. 지금 이 시간에도 지도를 만드는 사람들은 다른 혹성들이나 태양계들에 관한 정보를 수집하면서 그것에 새로운 이름을 붙여 주고 있을 것이다.

지도에는 단지 선을 그어 한 개인의 소유지나 각 나라의 영토를 구분하는 것 이상의 의미가 담겨 있다. 그것은 지금까지 알려지지 않은 어떤 곳에 공식적인 이름을 부여해 준다. 또한 지금 내가 있는 여기, 이곳에서 출발해서 그 어느 곳(우주 공간 속 어디이거나 상상 속에 등장하는 어떤 장소일지라도)에 이르는 방법들을 보여 준다. 지도에는 우리가 나누게 될 수많은 이야깃거리들이 살아 숨 쉬고 있다.

네덜란드의 위대한 지도 제작자 요도쿠스 혼디우스의 아들 헨리쿠스 혼디우스가 1633년에 제작한 세계 지도. 1595년판 메르카토르 세계 지도를 토대로 만들었다. 혼디우스가는 역사상 가장 중요한 지도 제작 가문의 하나이다.

빈랜드 지도의 미스터리

20세기 초 어느 무렵, 정체를 알 수 없는 한 사람이 손에 펜을 들고 가짜 고지도를 그리고 있다. 지금 작업 중인 이 가짜 고지도는, 바이킹이라 불리는 고대 북유럽 인들이 크리스토퍼 콜럼버스가 신대륙을 발견한 1492년보다 훨씬 먼저 대서양을 횡단해 아메리카 대륙에 상륙했었다는 증거가 될 것이다.

가짜 고지도를 만드는 사람의 손이 펜을 쥔 채 양피지 위쪽 여백으로 옮겨 가더니 잠시 머뭇거린다. 양피지는 가짜가 아니다. 그것은 1440년대에 만들어진 것으로, 바이킹 족이 '와인랜드' 또는 '빈랜드'라고 부르는 북아메리카로 항해했다고 전해지는 1000년경보다는 훨씬 뒤의 것이다. 하지만 가짜 고지도를 만드는 사람은 그 문제를 크게 염려하지 않는다. 이전에 만들어진 지도를 참조해 새로운 지도를 만드는 경우가 빈번했기 때문이다. 그러니까 자신이 만드는 이 가짜 고지도가 콜럼버스의 신대륙 발견보다 앞선 연대에 제작된 것으로 꾸며지기만 하면 그만이다.

그는 작업 하나하나에 정성을 기울인다. 지도 위에 라틴 어 문구를 써넣고, 잉크에 물을 섞어 글자나 그림이 퇴색한 것처럼 꾸민다. 중세의 지도 제작자들은 잉크에 철 합성물을 첨가해서 사용하였기 때문에 대부분의 고지도들이 부식되거나 녹이 슬었다는 사실을 잘 아는 그는, 노랑 물감을 사용해서 녹처럼 보이는 얼룩을 만든다. 그리고 양피지에 군데군데 구멍을 내서 마치 지도가 오래되어 좀이 갉아먹은 것처럼 보이게 한다.

그는 먼저 지중해를 그린 다음 북유럽과 아이슬란드, 그린란드를 차례로 그려 나간다. 그러고는 잠시 숨을 고른 뒤 다시 한 번 펜에 잉크를 묻혀 구불구불한 선을 그린다. 이 선들은 북아메리카의 동쪽 해안선이다. 지금 그리는 바로 이 부분 때문에 이 가짜 고지도는 조만간 신문의 일면 머리기사를 장식하며 사람들의 주목을 받게 될 것이다.

정체불명의 이 사람은 지도 위에 짤막한 글을 덧붙여 지도를 마무리한다. 전설적인 바이킹 탐험가 라이프 에릭손이 신대륙을 발견한 후 "땅이 기름지고, 포도나무가 무성하다."라고 언급한 내용의 문구이다. 또 다른 글은 신대륙은 신성한 교회에 속해야 한다고 주장한 그린란드의 가톨릭 주교 에이리크 그넙슨이 1100년경에 빈랜드를 방문했다는 내용이다.

가짜 고지도를 만든 이 사람은 이전 시대의 지도 제작자들에 대해서도 훤히 꿰고 있다. '아메리카'라는 용어는 1507년, 독일의 성직자이자 지도 제작자인 마르틴 발트제뮐러에 의해서 처음으로 사용되었다. 따라서 발트제뮐러의 지도보다 앞서 제작된 어떤 지도에 북아메리카가 등장한다면, 지도 학계에 커다란 파장을 불러일으키게 되리라는 사실을 충분히 예측하고 있다.

북아메리카의 대서양 북쪽 연안과 그린란드를 상세히 묘사한 빈랜드 지도. 빈랜드 지도는 가짜임이 확실하다. 그림의 왼쪽 상단을 보면 바핀 섬 혹은 래브라도가 있어야 할 자리에 빈랜드가 보인다. 지도가 그려진 양피지는 1440년경의 것이지만 지도를 그리는 데 사용된 잉크는 20세기 것으로 추정된다.

1957년, 유럽의 고서적상들은 '빈랜드 지도'를 런던의 대영 박물관에 팔기 위해 공을 들였다. 지도는 한 이탈리아 수도사의 몽고 여행기가 담긴 고서에 함께 제본되어 있었다. 대영 박물관 측은 이 고서적을 면밀히 검토한 끝에 이탈리아 성직자의 여행 기록 부분은 진본이라고 판정했지만 빈랜드 지도는 아무래도 수상쩍었으므로 끝내 구입하지 않았다.

서적상들은 이번에는 미국에서 구매자를 물색하기로 하였다. 미국에는 빈랜드 지도를 진짜라고 믿는 사람들이 많았다. 어쩌면 미국 사람들이 이미 그것을 받아들일 준비가 되어 있었다고 할 수도 있겠다. 당시 학자들 사이에서는 바이킹 족이 콜럼버스보다 앞서 아메리카에 상륙했다는 설이 조심스럽게 논의되고 있었다. 왜냐하면 그린란드 사가(Saga, 북유럽에서 전해 내려오는 전설이나 무용담)나 『붉은 털 에이리크의 사가』와 같은 아이슬란드 사가에는 1000년경에 바이킹들이 빈랜드를 항해하였다는 내용이 있기 때문이다. 게다가 1950년대 말에는 몇몇 고고학자들이 북아메리카 대륙의 뉴펀들랜드 지역 북쪽에서 바이킹들이 빈랜드에 거주했던 흔적(유적)을 발견했다고 발표한 바 있었다.

미국인들은 바이킹이 북아메리카에 상륙했다는 것을 입증해 줄 확실한 증거를 기다리고 있었다. 그래서 고서적상들이 미국으로 건너와 빈랜드 지도를 공개하자마자 폴 멜론이라는 억만장자가 100만 달러라는 거금을 지불하고 지도를 구입해 예일대학교에 기증하였다.

1965년 11월, 콜럼버스 기념일 전날에 빈랜드 지도가 세상에 공개되

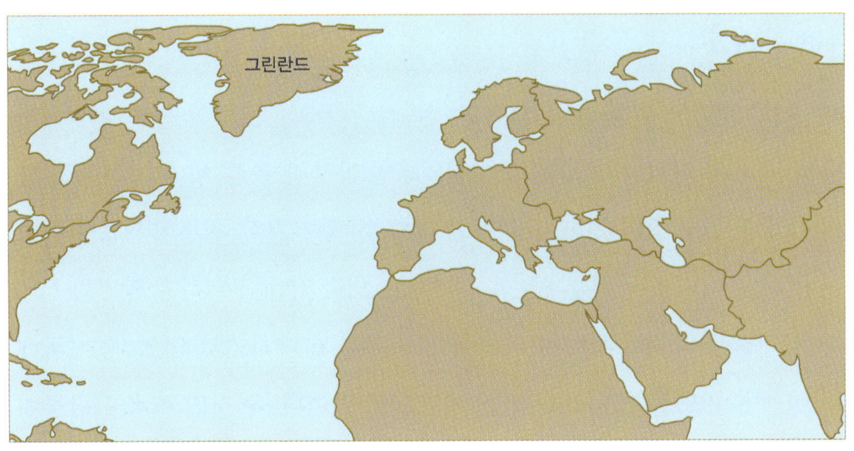

빈랜드 지도에 그려진 북대서양 일대의 오늘날 지도.

빈랜드를 발견한 바이킹

서기 1000년 직후, 바이킹 시인들은 북아메리카 대륙의 발견을 소재로 '사가'라는 형식의 시가들을 지어 노래하기 시작하였다. 이 시가들에는 비아르니 헤르욜프손이 이끄는 바이킹 전사들이 크나르라는 돛 하나짜리 배를 타고 별의 위치를 보며 아이슬란드 서쪽에 있는 그린란드까지 항해한 영웅담이 묘사되어 있다. 그들이 탄 배는 바람에 떠밀려 키가 큰 나무들이 숲을 이룬 낯선 땅에 도착하게 되었다. 그로부터 15년 후, 라이프 에릭손이 이끄는 35명의 개척자들이 헤르욜프손의 항로를 따라 그곳에 이르렀다. 개척자들은 그 땅을 '빈랜드'라고 불렀다. 술을 남글 수 있는 달콤한 딸기류가 많이 자라고 있었기 때문이다.

얼마 지나지 않아 바이킹들은 그들이 '스크라엘링'이라고 이름 붙인 뉴펀들랜드의 원주민들에게 습격을 당하였다. 겨우 목숨을 건진 사람들은 숲으로 도망쳤지만 에릭손의 여동생 프레이디스는 만삭의 몸이어서 도망갈 수 없었다. 그녀는 죽어 있는 바이킹의 시신에서 칼을 뽑아 들고는 죽기를 각오하고 싸우겠다는 뜻으로 가슴을 풀어 헤치고 칼로 자기 몸을 두드려 댔다. 원주민들은 임신한 여자의 맹렬한 기세에 눌려 뒤로 물러서고 말았다. 숲으로 도망쳤던 남자들이 돌아오자 프레이디스는 그들을 겁쟁이라고 조롱하였다.

빈랜드의 바이킹 정착촌은 그리 오래가지 못하였다. 원주민들의 공격이 끊이지 않은 데다 다른 정착민의 재산을 탐낸 프레이디스가 도끼로 그들을 살해하는 일까지 벌어졌기 때문이다. 아이슬란드로 돌아온 생존자들은 그때의 경험담을 사가로 지어 불렀다. 그로부터 200년 후, 읽고 쓰는 법을 알게 된 아이슬란드 인들이 사가들을 글로 옮겼는데 그 노랫말 속에 빈랜드의 지도가 숨겨져 있었던 것이다.

었다. 이탈리아 인 콜럼버스가 스페인 왕실의 후원 아래 신대륙을 항해했다는 사실에 자부심을 느껴 온 이탈리아와 스페인 출신 미국인들에게는 무척 씁쓸한 소식이 아닐 수 없었다. 그들은 마치 콜럼버스가 이룩한 위대한 업적을 도둑맞기라도 한 듯 마음이 영 편치 않았으므로 빈랜드 지도가 가짜라는 영국 과학자들의 의견에 귀가 솔깃했을 것이다.

1966년, 워싱턴에 있는 스미스소니언 연구소는 일파만파로 확대되는 논쟁을 중단시키고 차분하게 빈랜드 지도의 진위 여부를 가리기 위해 전 세계의 전문가들을 초빙하였다. 한 자리에 모인 전문가들은 먼저 지도를 판매한 고서적상에게 질문을 던졌다. 그러나 그는 빈랜드 지도를 입수한 경위를 밝힐 수 없다고 잘라 말했다. 이는 충분히 예상된 일이었다. 제2차 세계 대전 당시 나치는 그들이 점령한 나라에서 수많은 미술품과 고서적들을 약탈했는데, 전쟁이 끝난 후 그것들 대부분이 골동품 수집상들의 수중으로 넘어갔다. 따라서 원래 소유주가 나타나 자기가 소장하던 것이라고 주장할 가능성이 있었으므로 상인들은 골동품의 입수 경로를 철저히 비밀에 부쳤다. 빈랜드 조사 위원회가 고서적상에게 알아낸 정보라곤, 그가 유럽의 한 개인 소장가로부터 빈랜드 지도를 입수하였다는 것이 고작이었다.

이제 전문가들은 대체 그 이상한 지도가 어떻게 발견되었고, 어떤 이유로 고서적에 끼어 제본되었는지 알아보기로 하였다. 책 제본 전문가들은 손가락으로 일일이 책장을 더듬어 보고, 코를 들이대 냄새를 맡기도 하였다. 그 결과 책과 지도는 한데 묶여 다시 제본된 것으로 보이며, 제본 시점은 20세기 초일 것이라는 결론이 내려졌다. 그런데 도저히 이해가 안

되는 것은 지도에 난 좀 구멍과 함께 제본된 다른 책장의 좀 구멍의 위치가 일치하지 않는다는 점이었다. 좀이 어떤 책장의 한 지점을 갉아먹다가 다음 장으로 넘어가서는 방향을 바꿔 다른 지점을 갉아먹는 일이 가능할까?

지도가 진품임을 옹호하는 측은 이런 의문들에 대해 다음과 같은 논리로 맞섰다. 책이 오래되어 책장들이 떨어져 나갔고, 20세기 초에 다시 제본되는 과정에서 책의 순서가 뒤바뀌었을 가능성이 있다는 것이었다.

조사 위원회는 엄청난 시간을 들여서라도 좀 구멍 문제를 밝혀야만 했다. 이미 20세기 초부터 고지도 값이 천정부지로 뛰어올랐기 때문이다. 예를 들어 1901년경만 해도 350달러면 구입할 수 있던 프톨레마이오스의 1482년판 세계 지도 '코스모그라피아'가 1950년에는 5,000달러를 호가하게 되었다. 그리고 빈랜드 조사 위원회가 구성되기 일 년 전인 1965년에는 가격이 무려 28,000달러로 치솟았다. 이처럼 고지도의 가치가 기하급수적으로 높아지자 가짜 지도를 만드는 기술도 점점 교묘하고 정교해졌다. 좀이 갉아먹은 흔적을 만들거나 뜨겁게 달군 금속 줄로 구멍을 내서 지도가 오래된 것처럼 꾸미는 일은 예사였다. 예일대학교의 한 교수는 실제로 '살아 있는 좀'이 가짜 고지도를 갉아먹게 하여 진짜처럼 둔갑시키는 영국인 서적상을 알고 있다는 증언을 하기도 했다.

전문가들도 좀 문제를 해결하지 못하자 이번에는 지도에 실린 내용 자체에 대한 분석에 들어갔다. 많은 전문가들은 이 지도에서 그린란드가 섬으로 그려졌다는 사실에 주목하였다. 19세기 말까지도 유럽의 항해자들은 그린란드가 섬이라는 사실을 전혀 몰랐으므로 지도는 그 이후에 제작

진흙 판에 그려진 고대 바빌로니아의 지도. 기원전 6세기경의 지도로 현존하는 세계 지도 중 가장 오래된 것이다. 이 지도를 보면 세계의 땅덩어리는 둥글고 바다에 둘러싸여 있는데 그 한가운데에 바빌론 시(오늘날의 이라크)가 위치한다.

된 것이라는 의견이 나왔다. 이러한 의혹에 대해 지도를 옹호하는 측은 그것은 전혀 문제가 될 수 없다고 단언하였다. 만일 빈랜드 지도를 그린 사람이 그린란드의 에이리크 주교라면, 그린란드를 대륙이 아닌 일개 섬으로 그려야 가톨릭교회가 그 땅에 대한 권리를 쉽게 주장할 수 있을 것이기 때문에 섬으로 그렸다는 논리였다.

오래된 지도는 흔히 잉크가 벗겨져 떨어지는 현상이 나타났으므로 과학자들은 빈랜드 지도의 잉크도 동일한 방식으로 떨어져 나갔는지 확인하였다. 그들은 자외선 불빛 아래에서 꼼꼼하게 지도를 조사하였다. 그러나 이틀 동안에 걸친 집중적인 토론에도 불구하고 확실한 결론을 내리지 못하였고, 빈랜드 지도의 진위 여부는 여전히 미스터리로 남게 되었다.

그로부터 여러 해가 흘렀다. 빈랜드 지도가 진본이라고 믿는 사람들은 그 지도의 가치가 2,500만 달러 이상일 것이라고 주장하였다.

그러나 모든 사람이 그렇게 생각한 것은 아니다. 1974년, 시카고의 한 과학자가 지도를 그린 잉크와 누런 얼룩들을 분석하는 과정에서 원형의 하얀 결정체를 발견하였다. 그는 그것이 아나타제라는 합성 화학물로서, 1920년대 이전에는 전혀 사용되지 않은 물질이므로 빈랜드 지도는 가짜라고 주장하였다. 그러자 몇몇 화학자들이 반박하고 나섰다. 지도의 진위를 조사하기 위해 과학자들의 손에서 손으로 지도가 건네지는 과정에서 우연히 아나타제라는 물질이 묻었을 가능성이 있다는 것이었다.

1995년, 드디어 미국의 과학자들이 방사성 탄소 연대 측정법을 이용해 지도가 그려진 양피지의 제조 연대를 밝혀냈다. 그들은 양피지의 제조 연대를 1434년으로 확인하였다. 최소한 지도가 그려진 양피지는 진품이었던 것이다. 그러나 레이저 광선을 이용해 빈랜드 지도의 잉크와 얼룩 자국을 조사한 런던대학교의 화학자들은, 지도에서 검출된 아나타제는 조사 중에 우연히 묻은 것이 아니라 본래부터 잉크에 함유된 물질이라는 사실을 알아냈다.

이제 대부분의 전문가들은 빈랜드 지도가 그려진 양피지는 진짜 오래 된 것이지만, 지도는 최근에 그려진 것이라는 데 동의하고 있다. 그렇다 면 빈랜드 지도의 가치를 2,500만 달러로 보는 건 좀 지나치지 않을까? 그 러나 일부에서는 아직도 빈랜드 지도를 진품이라고 고집하고 있고, 예일 대학교 측도 아직까지 그 지도를 폐기하지 않고 있다.

그렇다면 빈랜드 지도는 누가, 왜 만들었을까?

2002년, 커스틴 시버라는 미국의 한 역사학자가 꽤 설득력 있는 이론 을 근거로 가짜 빈랜드 지도를 그린 사람을 추적해 냈다. 시버가 지목한 사람은 예수회 신부인 요제프 피셔였다.

피셔 신부는 고지도상이나 학자들 사이에서 널리 알려진 인물이다. 왜 신대륙이 '아메리카'로 불려야 하는지에 대하여 설명한 발트제밀러의 지리서(1507년)를 세상에 알린 인물이 바로 피셔 신부였다. 고지도 학자로 서 고서 보관소를 내 집처럼 드나들던 피셔 신부는 우연히 아무것도 그려 지지 않은 양피지 한 장을 발견했던 것 같다. 그런데 그가 고지도에 대한 해박한 지식과 정보, 기술 등을 갖춘 사람이었다 해도 위조 지도를 만들 려면 그만한 동기가 있어야 하지 않을까? 시버는 그것을 다음과 같이 추 정하였다.

1930년대 말, 노년에 접어든 피셔 신부는 오스트리아의 한 수도원에

파리 국립 박물관에 소장된 아메리고 베스푸치의 초상화. 발트제뮐러가 1507년에 간행한 『세계지 입문』이라는 책에서 신대륙을 '아메리고가 발견한 땅'이라는 뜻으로 아메리카라고 부르기를 주장함으로써 콜럼부스를 제치고 신대륙에 자신의 이름을 올리게 되었다.

은둔하였다. 얼마 후 나치가 수도원을 점령하더니 수도원을 아예 폐쇄하기로 결정하였다. 그들의 만행에 화가 난 피셔 신부는 가짜 지도를 만들어서 나치를 맘껏 조롱하기로 마음먹었다.

당시 나치는 기독교를 부정하는 한편, 미개하고 야만적인 고대 노르만 족을 '지배자 민족'으로 우상화시키고 있었다. 피셔 신부는 나치가 노르만 족이 얼마나 영웅적이었는지를 보여 주는 증거를 찾는 데 혈안이 되어 있으므로 자신이 만든 가짜 지도를 적극 환영할 것이라고 확신하였다. 그래서 그들이 노르만 족의 우월성을 선전하기 위해 빈랜드 지도를 세상에 공개한다면 지도에 기록된 내용, 즉 신대륙(아메리카)에 대한 권리가 기독교도인 에이리크 주교에게 있다는 '사실'도 함께 알려지게 될 것이었다. 나치의 입장에서 보면 빈랜드 지도는 양날을 가진 칼인 셈이었다. 만일 나치가 빈랜드 지도를 통해서 어떤 점을 선전하고 싶다면, 그들은 절대로 인정하고 싶지 않은 또 다른 점도 받아들이지 않을 수 없는 난처한 입장에 빠질 것이 분명했다.

빈랜드 지도의 미스터리와 그것을 만든 사람에 대한 시버의 해석에 대해서는 아직 최종적인 결론이 나지 않았다. 그러나 그 지도가 가짜이고, 한때 어마어마한 가치가 있는 것으로 평가되었으며, 많은 사람들에게 진지하게 받아들여졌다는 사실은 지도에 대한 관심이 얼마나 큰지를 잘 보여 준다.

지도에는 확실히 어떤 권위가 있다. 지도는 국가 간의 영토를 구분해 주고 땅에 대한 권리와 지나간 역사를 확인해 준다. 만일 어떤 지도가 우리가 바라는 역사적 사실을 증명해 줄 수 있다면 우리들은 주저 없이 그 지도에 엄청난 가치가 있다고 판단할 것이다.

원래 빈랜드 사가를 지은 사람들은 그 내용을 기록으로 남기지 않았다. 우리가 배우는 역사는 대개 글로 기록되지 않고 입에서 입으로 구전되는 이야기를 근거로 제기되는 땅에 대한 권리는 인정하지 않는다. 반면에 각종 기록물이나 도표 등은 상당히 중요하게 여긴다. 하지만 고대 북유럽의 사가나 빈랜드 지도는 지도란 여러 형태로 표현될 수 있으며, 지도를 만드는 사람들도 다양하다는 사실을 알려 준다. 또한 빈랜드 지도에 얽힌 이야기는 지도를 만든 사람이 누구이며, 그가 지도를 통해 말하고자 한 것이 무엇인지를 먼저 알아야만 지도를 제대로 이해할 수 있다는 사실을 보여 준다.

자, 이제 여러분도 자신만의 길을 찾아 지도 여행을 떠나 보기 바란다.

프랑스의 해양 수로학자 벨랭(J. N. Bellin)이 1748년경에 그린 지도. 우리나라의 국호는 Royaume de Corée(코레 왕국), 동해는 Mer de Corée(코레 해)로 표기되어 있다. 당시 동해가 일본해로 불리지 않았음을 보여 준다.(경희대 혜정박물관 소장)

중세 세계를 그린 로제르 2세와 알 이드리시

1145년 어느 날, 이탈리아 남부 시칠리아 왕궁의 한 내실, 두 사람이 제도용 탁자 위를 내려다보고 있다. 오렌지와 레몬 나무가 우거진 정원에서는 진한 과일 향기가 밀려들어 온다. 마주앉은 두 사람은 여러 가지 면에서 서로 어울리지 않아 보인다. 한 사람은 당당한 체격에 말할 때마다 쉿소리를 그렁대는 시칠리아 왕이고, 다른 사람은 부드러운 목소리를 지닌 외교관이자 지리학자이다. 게다가 시칠리아 왕은 기독교도이고, 지리학자는 북아프리카 출신의 이슬람교도이다.

지금 세상은 유럽의 기독교 기사단과 아랍의 모슬렘 전사들이 예루살렘 성지를 차지하기 위해 끝없는 살육을 자행하는 제1차 십자군 전쟁으로 떠들썩하다. 그러나 지금 마주앉은 기독교도 왕과 모슬렘 학자는 더할 수 없이 서로를 아끼고 신뢰하는 친구일 뿐이다. 왕은 세계 각지에서 돌아온 여행객, 상인, 순례자들로부터 여러 지역에 관한 정보를 수집하는 데 막대한 경제적 지원을 아끼지 않는다. 그리고 모슬렘 학자는 이렇게 모아진 정보를 바탕으로 마침내 12세기의 가장 뛰어난 세계 지도를 만들게 되는 것이다.

로제르 왕은 1095년, 노르만 장수의 후손으로 태어났다. 그의 조상은 본래 북유럽에 거주하던 노르만 족이었는데, 점차 기후가 좋고 먹을 것이 풍부한 남쪽으로 진출하다가 남부 이탈리아에까지 흘러들어 와 약탈과 살육을 일삼았다. 1066년에 잉글랜드 지역을 정복한 노르만 인들과는 달리, 남부 유럽을 공략한 노르만 인들은 정복한 지역의 문명을 말살하기보다는 오히려 적극적으로 받아들이고 토착민들을 흡수해 새로운 정복 왕조를 세우는 것이 권력을 유지하는 데 유리하다는 사실을 깨달았다. 특히 시칠리아를 정복한 드 오트빌가는 비록 짧은 기간이긴 하지만 기독교도와 이슬람교도들을 함께 아우름으로써, 전 유럽을 통해 가장 다채롭고 수준 높으며 관용적인 문화를 이룩할 수 있었다.

로제르 2세가 팔레르모 궁전에서 그리스와 아랍 출신 가정교사들의 지도를 받으며 공부에 열중하던 다섯 살 무렵, 훗날 그의 가장 가까운 친구가 될 한 아기가 지중해 서쪽 끝에 위치한 모슬렘 도시 세우타에서 태어났다. 아기의 정식 이름은 아부 압둘라 모하메드 이븐-무하메드 이븐-압달라 이븐-이드리스 알-샤리프 알-이드리시였다. 이름 가운데 들어 있는 '알-샤리프'는 이름의 주인이 고귀한 신분임을 나타낸다. 알 이드리시의 조상은 한때 스페인의 말라가 지역을 지배했던 칼리프의 후손으로 로제르 왕과는 달리 순수 귀족 혈통이었다.

사실 알 이드리시는 로제르 왕보다 더 훌륭한 교육을 받았다. 그는 스페인 코르도바에서 대학 교육을 마친 뒤, 시를 지으며 유럽과 북아프리카를 유랑하였다. 아마도 본국에 있는 정적들의 칼날을 피해 일부러 나라밖을 떠돌았을 것이다. 그러던 중 알 이드리시가 유랑 생활을 접을 기회가 생겼다. 1138년, 시칠리아 왕국의 기독교도 왕 로제르가 알 이드리시를 자신의 궁정에 초대하였던 것이다. 알 이드리시는 로제르 왕이 유럽의 여느 기독교도 왕들과는 다르다는 사실을 이미 알고 있었으므로 그 초대를 받아들이기로 하였다.

로제르 왕은 단순히 왕국의 영토를 팽창시킬 야망을 넘어서서, 그 자신의 사고의 폭을 넓히고 싶어 하는 인물이었다. 그의 궁전은 세계 각지에서 몰려든 수많은 의학자, 수학자, 천문학자, 시인들로 북적였고, 그들 중 상당수가 이슬람교도라는 사실 또한 잘 알려진 일이었다. 궁전에 모인 학자들은 아름답게 가꾸어진 정원을 거닐며 토론도 하고, 시원하게 그늘진 궁전 안뜰에 앉아 각자의 저술에 열중하기도 하였다.

이미 수많은 학자, 시인들로 둘러싸인 로제르 왕이 새삼 알 이드리시를 청한 이유는 무엇이었을까? 모슬렘이 차지하고 있는 땅을 정복하기 위해 알 이드리시의 조언이 필요했던 걸까? 시칠리아에서 지중해 건너 북아프리카의 모슬렘 영토까지는 불과 150km 거리였다. 로제르 왕은 지중해와 그 일대의 교역권을 장악하기 위해서는 무엇보다 먼저 지중해 남쪽 연안에 있는 북아프리카의 모슬렘 왕국들을 복속시켜야 한다는 사실을 잘 알고 있었다. 더욱이 이들 모슬렘 나라의 왕들은 불과 얼마 전에 북쪽으로부터 침략해 온 노르만 족에게 레몬과 오렌지 나무가 우거진 비옥한 땅

로제르 왕의 일생을 신문의 연재만화처럼 구성한 장식 그림. 로제르 왕의 세 번에 걸친 결혼, 시칠리아 왕국의 왕위에 오르는 대관식 등 중요한 사건들이 묘사되어 있다.

로제르 왕이 다스리던 시칠리아 왕국과 알 이드리시의 고향 북아프리카를 보여 주는 오늘날 지도.

시칠리아를 빼앗긴 뒤라, 하루빨리 그 땅을 되찾기 위해 기회를 엿보아 오던 터였다.

알 이드리시가 시칠리아에 도착하기 삼 년 전, 비잔틴 제국과 베네치아의 사절들이 신성 로마 제국의 황제에게 로제르 왕에 대한 불평을 늘어놓은 적이 있었다. 그들은 로제르 왕이 아프리카의 이슬람 왕국들을 다스리는 것이 사뭇 못마땅하였다. 로제르 왕보다는 기독교를 잘 수호하는 다른 나라 왕이 그 일을 맡아야 한다고 생각한 것이다.

그들은 시칠리아의 로제르 왕을 믿을 수가 없었다. 로제르 왕은 이교도의 말인 아랍 어를 구사할 뿐 아니라 모슬렘 도시를 정복한 후에도 피정복민들이 여전히 이슬람 법을 따르고, 이슬람교를 믿을 수 있도록 허용하였다. 로제르 왕은 도무지 진정한 기독교도답게 행동하지 않았다. 예루살렘을 차지한 노르만 왕 볼드윈이 시칠리아에 사절을 보내 북아프리카의 왕국들을 정복하고 그들을 기독교로 개종시킬 것을 권했을 때였다. 그

제안에 구미가 당긴 로제르 왕 휘하의 기독교 전사들은 하루속히 정복 전쟁에 나설 것을 권하였지만, 왕은 일언지하에 거절해 버렸다. 로제르 왕의 궁정 사가인 아랍 사람 이븐 알 아디르의 기록에 따르면, 기사단의 건의를 들은 로제르 왕은 한쪽 다리를 들고 방귀를 뿡 뀐 뒤 이렇게 일갈했다고 한다.

"당신들의 말에 귀를 기울이느니, 차라리 내 방귀 소리를 듣는 편이 낫겠소!"

유럽의 다른 왕들도 로제르 왕이 이슬람교도들을 지나치게 존중한다고 생각했다. 알 이드리시가 시칠리아 왕궁에 도착했을 때 로제르 왕은 그에게 노새를 탄 채로 자신을 알현해도 좋다고 허락하였다. 로제르 2세가 얼마나 이 모슬렘 학자를 고대해 왔고, 그에게 특별한 예우를 갖추었는지를 분명하게 보여 주는 장면이다. 왕은 양 어깨까지 진주 장식을 늘어뜨린 비잔틴 양식의 왕관을 쓰고 친히 왕좌에서 내려와 손님을 맞았다. 한 모슬렘 사가의 기록에 따르면, 잠시 후 왕은 자신과 귀엣말도 나눌 수 있는 아주 가까운 자리에 알 이드리시를 앉혔다고 한다.

로제르 왕과 알 이드리시의 관계를 보여 주는 몇 가지 유명한 일화가 전해진다. 로제르 왕의 원정군이 모슬렘 도시 트리폴리를 공격해 수많은 이슬람 전사들을 물리쳤다는 소식이 왕 앞에 전달되던 날이었다. 그 자리에 있던 기독교 기사들은 기쁨에 겨워 환호성을 질렀지만, 왕의 옆자리에 앉아 있던 알 이드리시는 아무 감정도 드러내지 않았다.

잠시 후 로제르 왕이 친구에게 몸을 돌리더니 "당신네 신은 그 시간에 대체 어디 있었던 게요? 알라신이 자기 백성들을 까맣게 잊어버린 건 아닌지 모르겠소.” 하고 짓궂게 물었다.

그러자 알 이드리시는 “만일 알라신이 그때 트리폴리를 비웠다면, 우리 모슬렘들이 에데싸에서 기독교도들을 몰아내고 성을 탈취하는 일을 돕느라 바빠서 그랬을 겁니다.”라고 단호한 어투로 응수하였다.

이런 모습을 지켜보던 기독교 기사들이 일제히 알 이드리시에게 큰 소리로 야유를 보내자 왕이 친히 나서서 그들을 제지하였다.

“아무도 그를 조롱하지 말라. 알 이드리시는 진실만을 말하는 사람이다.”

기독교도인 왕과 그의 친구인 모슬렘 학자의 사이가 얼마나 도타웠던지 왕이 비밀리에 이슬람교로 개종했다는 소문이 떠돌 정도였다. 그러나 그들의 우정이 그토록 진실하고 견고했던 이유는 무엇보다도 로제르 왕이 세운 원대한 계획, 즉 역사상 가장 아름답고 정확한 세계 지도를 만들겠다는 꿈을 두 사람이 함께 이루어 나가고 있었기 때문이다. 그들은 아름다운 광채를 발하는 은 바탕에 전 세계 대륙의 해안과 섬의 윤곽을 새겨 넣을 예정이었다.

중세의 다른 지도 제작자들과 마찬가지로 로제르 왕과 알 이드리시도 지도를 만들기에 앞서 고대 그리스–이집트 사람인 프톨레마이오스의 저작들을 먼저 탐독하였다. 그러나 프톨레마이오스의 방법을 그대로 답습하거나 그의 오류를 되풀이하지는 않았다. 알 이드리시의 기록에 따르면, 두 사람은 872년경에 팔레르모를 방문했던 이븐 하우칼 같은 모슬렘 지리학자들의 저작들도 충분히 검토하였다고 한다. 그들은 이전의 지리학 저작들을, 알 이드리시의 표현대로 ‘철저하고 세밀하게 분석한 다음’에

프톨레마이오스가 제작한 지도들은 하나도 남아 있지 않지만, 후세의 지도 제작자들은 그가 남긴 글에
제시된 방법에 따라 그의 지도들을 복원하려고 시도하였다. 위 지도는 그중 하나인 '코스모그라피아'로
서 프톨레마이오스 사후 1100년이 지난 시기에 독일에서 제작된 것이다.

프톨레마이오스

클라우디오스 프톨레마이오스는 이집트에 살던 그리스 인으로 생존 당시인 서기 150년경부터 1500년대까지 서양의 지도 제작에 큰 영향을 미친 인물이다. 그의 통찰력은 당시까지의 어느 과학자보다도 뛰어났지만 그가 범한 오류는 후세 과학계에 돌이킬 수 없는 손실을 끼치게 되었다. 프톨레마이오스의 지도들은 전부 사라졌고 저작들만 몇 편 남아 있다.

프톨레마이오스는 그가 남긴 가장 뛰어난 저작물로 일컬어지는 『지오그라피아』에서 '축척'에 대하여 설명하였다. 축척이란 실제로는 먼 거리를 짧은 길이의 선으로 나타내 우리가 알고자 하는 거리의 원근이나 지역의 크기를 정확하게 표시하는 방법이다. 그는 또 일 년 내내 뜨겁고 낮의 길이가 12시간 이상인 적도에서부터 혹한의 추위에 겨울 동안 낮 길이가 매우 짧은 고위도 지역까지 전 세계를 위도별로 구분하였다. 또한 지도 위에 남북을 잇는 세로선과 동서를 있는 가로선을 그어, 찾는 지역의 위치를 한눈에 알아보게 하였다. 프톨레마이오스는 이런 방법으로 무려 8,000여 곳을 지도상에 표시하였는데, 이 때문에 후세 사람들은 세계 지도를 만들 때 그의 지도를 많이 참조하였다.

그러나 불행하게도 프톨레마이오스가 범한 두 가지 중대한 오류 때문에 이후의 과학이 1400년 이상 답보하는 결과가 초래되었다. 그는 우선 지구가 태양계의 중심이며, 천체는 지구를 중심으로 돈다고 확신하였다. 그리고 지구는 거대한 지중해와 그 주위의 땅덩이로 이루어져 있다고 주장하였다. 프톨레마이오스의 오류들은 1540년대에 메르카토르가 과장된 지중해의 크기를 바로잡고, 천문학자 코페르니쿠스가 태양을 중심으로 지구가 돈다는 사실을 증명할 때까지 그대로 답습되었다.

독자적인 연구를 시작하기로 결정하였다.

로제르 왕은 뱃사람, 무역상, 순례자 등 경험이 풍부한 여행자들을 팔레르모로 불러들여 그들이 가 본 곳에 대하여 물었다. 왕과 알 이드리시는 이렇게 수집한 생생한 정보들을 기존의 지도들과 비교하면서 쇠로 만든 컴퍼스를 사용해 커다란 화판에 그려 나갔다.

수년간에 걸쳐 사전 조사를 마친 두 사람은 드디어 지도를 만드는 작업에 돌입하게 되었다. 또 다른 모슬렘 사가 알 사파디의 기록에 의하면 왕은 약 700kg에 이르는 은을 알 이드리시에게 주었고, 알 이드리시는 그것을 은장이에게 넘겨 마치 하늘에 떠 있는 별처럼 반짝이는 둥근 은판을 만들게 하였다고 한다. 그것을 본 왕은 어찌나 흡족했던지 은판을 만들고 남은 은을 알 이드리시에게 선물하였다.

당시 알 이드리시가 만든 평면 구형도는 가로 3.5m, 세로 1.5m 크기에 무게가 180kg에 달하는 크고 평평한 모양의 지도였다. 은은하게 빛나는 이 은판의 진정한 가치는 그것을 만든 값비싼 재료보다도 그 위에 새겨진 선들, 그때까지 알려진 모든 세계의 윤곽을 나타낸 선들에 있었다.

이 지도에는 알 이드리시가 세계 지리에 대하여 잘못 판단한 점들이 몇 가지 나타나 있다. 예를 들어 잉글랜드는 유럽 해안에서 벗어나 먼 바다 위에 떠 있는 작은 점으로 표시되었고, 아프리카 대륙은 남극까지 연결되었다. 따라서 이 지도에 따르면 유럽에서 아프리카 해안을 따라 인도로 항해하는 일은 불가능하다. 반면에 나일 강의 지류인 청나일 강은 에티오피아에서 시작되고, 백나일 강은 중앙아프리카에 있는 '달의 산'에서 발원한다는 것이 정확하게 그려져 있다. 이것은 영국의 지리학자들도 19

세기 중반까지 확인하지 못했던 사실이다.

뿐만 아니라 이 지도에는 스칸디나비아와 일본까지 그려져 있다. 고대 그리스의 지리학자들처럼 알 이드리시도 지구가 둥글다고 믿었으며, 지구의 최대 둘레를 약 37,000km로 산출했다. 지구의 실제 둘레가 약 40,000km라는 점을 생각하면 꽤 근접한 수치임을 알 수 있다.

사실 비슷한 시기에 만들어진 중국의 지도들에 비하면 알 이드리시의 평면 구형도는 결코 앞선 것이라고는 말할 수 없다. 그러나 당시 유럽의 지도 제작자들이 기독교의 영향으로 지구의 실제 모습을 그리기보다는 천국에 이르는 길을 보여 주는 데만 치중했음을 감안한다면, 알 이드리시의 제작 기법이 얼마나 앞선 것인지, 또한 얼마나 기존의 관점에서 벗어나 실체에 접근하려 애썼는지를 알 수 있다.

알 이드리시는 평면 구형도 외에도 『즐거운 세계 여행에 관한 책』이라는 저작물을 남겼다. 일명 『로제르의 책』으로 더 잘 알려진 이 지리서에는 세계 곳곳에 사는 사람들에 대한 자세한 정보, 예를 들어 "그 나라의 바다, 산맥, 그리고 각종 측량 수치들…… 곡물, 세입, 여러 종류의 건물들…… 그밖의 온갖 놀라운 사실들"이 백과사전식으로 수록되어 있다.

아쉽게도 알 이드리시가 심혈을 기울여 쓴 이 책에도 몇 가지 중대한 오류가 있다. 예를 들면 '왁왁'이라는 섬에는 여자의 머리처럼 생긴 열매가 열리는데 그 열매는 하루 종일 "왁왁!" 하고 소리를 지른다는 황당한 내용이 기술되어 있다. 뿐만 아니라 노르웨이 인들은 목이 없이 태어나고 영국은 '암흑의 바다에 떠 있으며 겨울만 계속되는 곳'이라고 설명되어 있다.

알 이드리시의 지도에서는 위쪽이 남쪽이다. 위 지도를 180도 돌려서 보면 지중해, 흑해, 아라비아 반도 등이 한눈에 들어온다.

고대 지도

고대 로마 인들은 이미 축척을 이용해 실제 지형을 지도에 그려 넣었으나 현재까지 남아 있는 것은 하나도 없다. 다만 도표 형식의 지도가 전해질 뿐인데, 이는 한 곳에서 다른 곳으로 가는 방법을 알려 주기 위해 실제 지형을 변형시킨 지도로 주로 상인이나 군인들이 이용하였다. 그중 하나인 포이팅거 지도를 보면, 로마의 도로를 따라 위치한 도시들이 순서대로 그려졌음을 알 수 있다. 이 지도에는 휘거나 굽은 선이 거의 없고, 유럽과 근동 지역이 기타 줄처럼 평행으로 그려져 있다.

로마 제국의 멸망과 함께 유럽 인의 삶은 무질서와 폭력에 휩싸이게 되었고, 지도 제작자들은 그들이 속한 세계를 극도로 단순화시켜 그렸다. 이런 지도는 주로 도표 형식으로 제작되었는데 사람들에게 '천국에 이르는 길'을 안내하는 것이 목적이었다.

대부분의 지도는 이른바 T-O 모형에 따라 그려졌다. 즉 지구는 알파벳 O처럼 둥근 모양이며, 알파벳 T 모양을 이루며 흐르는 지중해, 나일 강, 다뉴브 강에 의해 크게 세 지역으로 나뉜다는 것이 이 모형의 기본 개념이다. 세계의 중앙에는 당연히 기독교의 성지인 예루살렘이 있고, 아시아 또는 극동 지역(오리엔트)은 지도의 위쪽에 위치하게 마련이었다. 영어로 'get oriented'가 방향을 알아냈다는 의미로 통용되는 이유가 여기에 있다. 유럽은 왼쪽, 아프리카는 오른쪽이다.

당시 지도를 만든 사람들은 주로 수도사였는데, 그들은 지도에 현란한 장식을 그려 넣었다. 따라서 중세 지도를 보면 각 대륙의 모양은 식별하기 어려워도, 기독교의 성자들이나 전설 속의 인어, 괴물 들은 한눈에 알아볼 수 있다.

7세기경 세비야의 성 이시도르가 그린 T—O 지도.

마침내 1154년 1월, 15년에 걸친 작업 끝에 은으로 만든 지도와 지리 해설서가 완성되었다. 그러나 알 이드리시의 후원자이자 진실한 친구인 로제르 왕은 이미 기력이 쇠해서 얼마 후 죽고 말았다.

로제르 왕이 죽고 육 년이 지나지 않아 시칠리아 왕국은 분열되었다. 새로 왕위를 계승한 윌리엄 왕은 여러 면에서 선왕만 못했다. 윌리엄 왕은 아버지가 정복한 아프리카 지역을 지키지 못해서 트리폴리 같은 도시들이 다시 모슬렘의 수중에 떨어지고 말았다. 그 여파로 수많은 기독교도들이 시칠리아로 되돌아오는 바람에 왕국은 한층 혼란스러워졌고, 더 이상 로제르 왕 시대와 같은 안정을 이룰 수 없었다.

1161년 3월 9일 아침, 한 무리의 반란군이 시칠리아 왕궁에 난입해 지하 감옥의 쇠 빗장을 풀고 죄수들을 무장시켰다. 윌리엄 왕과 왕족들은 곧바로 반란군에 의해 감금되고 말았다. 팔레르모 거리를 휩쓸던 성난 군중들이 마치 메뚜기 떼처럼 일시에 몰려들어 궁전을 습격하였다. 궁전 곳곳에 숨어 있던 모슬렘 학자들은 군중들에게 끌려 나와 그 자리에서 살해되었다. 폭도들은 궁전에 보관된 수많은 서적들, 각종 기록물, 세금 관련 기록들을 닥치는 대로 끄집어내 궁전 안뜰에서 기세 좋게 타오르는 장작불 속으로 던져 버렸다. 쉬 이룰 수 없는 왕국의 소중한 자산들이 삽시간에 한 줌의 재로 변하고 만 것이다. 커다란 은판에 세계 지도를 새겨 넣은 알 이드리시의 평면 구형도도 바로 그날 사라져 두 번 다시 사람들의 눈에 띄지 않았다.

시칠리아 왕국이 잃은 것은 눈에 보이는 유형의 자산만이 아니었다. 서로 종교가 다를지라도 얼마든지 함께 어우러져 살면서 자유롭게 토론하고 평화롭게 연구에 정진할 수 있음을 보여 준 시칠리아 왕국의 고귀한 정신도 그날 이후 영원히 사라져 버렸다. 얼마 후 반란이 진압되어 로제르 왕의 아들과 그의 가족들이 다시 시칠리아를 다스리게 되었지만, 그들은 궁전 깊숙한 곳에 안주하는 길을 택하였다.

유럽의 다른 나라들도 마찬가지 형편이어서 중세 시대의 뛰어난 지식인들은 스스로 문을 걸어 잠그고 외부 세계와 단절하였다. 수평선 너머 또 다른 미지의 세계를 알고 싶어 하는 사람들은 졸지에 이교도로 몰리는 위험을 감수해야 했다. 지도를 만드는 일도 심하게 왜곡되었다. 미지의 세상을 탐험해서 있는 그대로 그리는 것이 아니라 세계를 어떤 모습으로 그려야 기독교의 우월성을 나타낼 수 있을까, 지도의 여백에 얼마나 많은 괴물을 그려 넣을 수 있을까 하는 점들이 지도 제작의 주요 관심사가 되었다.

다행스럽게도 알 이드리시의 중요 저작 중 하나인『로제르의 책』과 그 책에 딸린 초벌 지도들은 폭도들의 손길을 피할 수 있었다. 알 이드리시는 윌리엄 왕의 명에 따라 다시 한 번 펜을 잡고『쾌락의 정원, 영혼의 향연』이라는 책을 저술하였다. 이 책의 저술을 마지막으로 고향 세우타로 돌아간 알 이드리시는 그의 기독교도 친구이자 그와 함께 미지의 세계를 갈망하고 탐구하던 로제르 왕을 기리면서 남은 생을 보냈다. 알 이드리시는 로제르 왕을 다음과 같이 회고하였다.

"로제르 왕의 학식은 글 몇 줄로 표현하기 어려울 만큼 깊고 넓다. ……로제르 왕의 한낱 꿈이라 할지라도 그것은 다른 이들이 깨어 있을 때 숙고한 생각보다 훨씬 더 뛰어나다."

알 이드리시가 이미 깨달았듯이 지도를 만든 사람이 그 지도에서 말하고자 하는 이야기에 귀를 기울여 주는 사람이야말로 지도 제작자의 진정한 벗이라 할 수 있다.

정화의 남해 원정

몽고족이 중국을 지배하던 원나라 말기, 한족은 200년에 걸친 몽고족의 지배에서 벗어나기 위해 곳곳에서 반란을 일으킨다. 반란군들은 가는 곳마다 몽고족과 관련된 사람들을 닥치는 대로 처형한다. 소년의 나이 이제 열 살, 이슬람교도로서 몽고족을 도와 집안 대대로 운남성을 다스려 오던 소년의 아버지 역시 수천 명을 살해한 반란군의 칼날을 피하지 못한다. 소년은 즉시 감옥에 갇히고, 뒤이어 생식기를 잘리는 형(궁형)을 당해 평생 자식을 가질 수 없는 처지가 되고 만다.

소년을 잡아 가둔 자들은 그의 총명함과 수려한 용모를 한눈에 알아본다. 성의 한 관리는 훗날 소년의 용모에 대하여 "눈썹은 칼 모양이고, 이마는 호랑이 이마 같았다."라고 기록할 것이다. 이렇듯 예사롭지 않은 용모와 재주 덕에 소년은 한족에 의해 건국된 명나라 황제의 넷째 아들 주체(朱棣) 왕자에게 보내진다. 주체 왕자는 소년을 교육시키고, 그에게 '정화(鄭和)'라는 중국식 이름과 '산바오(삼보, 三寶)'라는 별칭을 하사한다.

하루아침에 부모 잃은 고아의 처지로 전락되었다가 오히려 왕자의 신임을 한 몸에 받는 신분으로 탈바꿈한 소년의 삶은 동화에나 나올 법한 이야기처럼 보인다. 그러나 소년 정화의 앞길에는 동화보다 더욱 흥미진진한 이야기들이 펼쳐지게 될 것이다.

1398년 몽고족을 몰아내고 명나라를 건국한 주체 왕자의 아버지 주원장이 죽자 그의 손자 주윤문이 황위를 잇게 되었다. 주체 왕자는 황제의 자리에 오른 어린 조카에게 의심의 눈길을 거둘 수가 없었다. 새로 등극한 황제는 곧바로 삼촌들을 하나둘 제거해 나갔다. 삼촌들은 언제라도 자신을 밀어내고 황제의 자리에 오를 수 있는 위협적인 존재들이었기 때문이다. 주체 왕자는 가만히 앉아서 조카에게 죽임을 당하느니, 차라리 먼저 칼을 빼 들기로 결정하였다. 당시 이십대 초반에 접어든 정화는 왕자의 충성스런 부하가 되어 반란을 계획하는 그의 곁을 지켰다.

1402년, 드디어 주체 왕자가 황제를 제거하기 위해 군사를 일으켜 수도 난징으로 쳐들어갔다. 주체 왕자의 군사들이 도착해 보니 궁궐은 이미 거센 불길에 휩싸였고, 황비와 그의 아들을 비롯한 수많은 사람들은 완전히 불에 타 숯덩이가 된 채 서로 뒤엉켜 있었다. 과연 황제 주윤문의 시신도 그 가운데 있을까? 그러나 시커멓게 타 버린 시신들을 식별하기란 불가능한 일이었다.

주체 왕자는 자신이 명나라의 새로운 황제(영락제)임을 천하에 선포하였다. 그러나 황제의 자리에 오르긴 했어도 그 자리의 원래 임자가 정말 죽었는지에 대한 확신이 서질 않았다. 황궁 대화재 때 타 죽었으리라고 추정되는 전임 황제가 사실은 죽지 않았으며, 변장하고 불타는 황궁을 빠져나가 인근 다른 나라로 망명해 훗날을 도모하고 있다는 소문이 끊이지 않았다. 영락제는 정화에게 대규모 함대를 조직해서 바다 건너 다른 나라에까지 전임 황제의 행적을 추적하도록 명하였다.

마침 영락제는 막강한 함대를 보유해야 할 필요성을 절실히 느끼고 있던 터였다. 중국 땅에서 몽고족을 몰아내기 위해 치른 수많은 전쟁들, 그리고 그 후에 이어진 한족 간의 내전으로 경제가 더할 수 없이 피폐해졌기 때문이다. 거기다 한층 강성해진 해적들이 외국으로부터 들여오는 물품들을 강탈하는 일이 잦아지면서 각종 향신료와 약재들이 바닥을 드러내기 시작했다.

대규모 함대를 조직해 외국과의 무역을 재개해야만 하는 이유는 이 밖에도 더 있었다. 농민 반란군의 손자로서 미천한 출신인 데다 조카의 자리를 빼앗아 황제에 오른 영락제는 자신이 중국을 다스리기에 적합한 황제임을 만천하에 증명하고 싶었다. 따라서 중국의 함대가 인근 바다를 장악하고 전성기를 누렸던 이전 왕조처럼 자신이 통치하는 명나라도 바다를 통해 옛날의 명성을 되찾게 하고 싶었던 것이다.

새롭게 뱃길을 여는 일이 중요한 만큼 영락제는 함대를 지휘하는 자리에 적임자를 임명해야 했다. 당시는 대부분의 중국인들이 유교 사상에 젖어 윗사람을 공경하고, 마음의 평정을 유지하도록 애쓰며, 미지의 세계에 대한 호기심을 억제하는 것을 미덕으로 알던 때였다. 이에 반해 정화는 모슬렘으로 그의 종교는 세계 곳곳을 여행하며 알라신의 교리를 전파하

한 폭의 그림 같은 황하 지도. 모양과 크기가 오늘날 시상식장에 까는 붉은 카펫과 비슷하다. 정화가 활동하기 직전인 1368년경, 당대의 유명한 화가 열 명이 공동으로 그린 이 지도는 모양이 아름다울 뿐 아니라 실제로도 유용하게 쓰였다. 지도에 그려진 집들은 한 채당 백 가구를 나타내는 것으로, 황하가 범람할 때 피해 규모를 쉽게 파악하게 해 주었다.

고대 중국의 항해술

정화가 이끄는 선단은 선박 건조술이나 항해술 면에서 유럽의 배보다 몇 세기 앞선 기술을 보유하였다. 중국인들은 배 양쪽으로 닻을 내려 깊은 바다 위에서도 배가 흔들리지 않게 하였고, 배의 한쪽에서 새 들어온 물이 다른 곳까지 흘러들어 배가 침몰하는 것을 예방하기 위해 방수 구획 방식으로 배를 건조하였다. 이것은 약 500년 후에 세상에 위용을 드러낸 그 유명한 타이타닉호의 설계자들이 반드시 참고했어야 할 중요한 기술이다.

정화의 함대는 독특하게도 붉은 비단으로 만든 사각형 돛을 달고 항해하였는데, 이는 바람의 방향이 바뀌는 밤을 기다려서 항해하던 유럽의 배들과는 달리 낮에도 항해할 수 있도록 설계된 것이었다. 정화 선단의 배들 중 가장 큰 것은 돛대가 아홉 개나 달려 있고, 길이가 120m에 달했다. 이는 지금까지 나무로 만들어진 목선 중 가장 큰 규모였다. 배가 어찌나 큰지 항해하는 동안 선원들이 먹을 양식을 공급하기 위해 배 한편에 우리를 설치해 가축을 키우고 채소도 가꿀 정도였다고 하니, 가히 물 위를 떠다니는 선상 도시라 할 만했다.

지금으로부터 600년 전이었는데도 중국의 선원들은 이미 나침반을 사용하였다. 그들은 돌로 만든 사발에 물을 담고 그 속에 자력을 띤 바늘을 띄워 북쪽을 확인함으로써 안개가 심하거나 별이 뜨지 않은 캄캄한 밤에도 길을 잃지 않고 항해할 수 있었다.

도록 가르쳤다. 이미 수세기 전부터 중국에서는 모슬렘들이 페르시아나 아랍과의 교역을 전담해 오던 터였다.

정화의 후반부 원정길에 통역자로 합류해 정화의 남해 원정을 자세히 기록한 항해 일지 『영애승람(瀛涯勝覽)』을 남긴 마환(馬歡) 역시 이슬람교도였다. 마환은 이 책에서 "나는 여러 모로 부족한 사람이나 정화 사령관을 수행하여 원정길에 오른다. 나는 임무 수행 중에 겪은 신기한 일들을 꾸미거나 가감하지 않고 있는 그대로 기록할 뿐이다."라고 하였다. 마환의 기록은 유럽의 탐험가들이 다른 문명을 향해 경쟁하듯 몰려가서 그곳을 정복하고 약탈하며 남긴 역사서와는 사뭇 달랐다. 마환은 주로 외교와 의전, 그리고 다른 나라에서 중국 황제에게 바치는 공물 등에 대하여 기록하였다.

1405년 가을, 정화의 함대가 드디어 첫 번째 원정길에 나섰다. 217척에 달하는 거대한 선단의 배들이 각각 붉은 돛을 올린 채 너른 바다를 향해 출정하는 모습은 이제 중국이 또 한 번 바다를 제패하리라는 선언과도 같았다.

정화의 함대는 자바, 수마트라, 스리랑카, 케랄라와 남서 인도를 차례로 방문해 외교 관계를 맺고 보석과 생강, 후추, 계피, 카르다몸 같은 향신료를 교역하였다. 귀환 길에는 동남아시아 일대를 장악한 해적들의 본거지인 수마트라의 팔렘방에 육중한 닻을 내리고 정박하였다. 마환의 기록을 보면 정화의 함대는 그곳에서 해적들과 교전을 벌여 5,000명에 이르는 해적 무리를 소탕하고, 그 우두머리를 난징으로 압송해 황제 앞에서 처형시켰다고 한다.

첫 번째 원정을 마치고 돌아오는 길에 수천 명의 선원들이 알 수 없는 유행병에 걸려 죽고 말았다. 이 때문에 1407년의 제2차 원정 때는 180명에 이르는 의원과 약제사들을 함대에 동승시켰다. 의료진들에게는 선원들을 돌볼 책임뿐 아니라 폐 질환 치료에 사용되는 유황과 나병 치료제인 대풍자유 등 약재를 구하고, 당시 세계에서 가장 뛰어난 의술을 자랑하는 아랍의 의사들에게서 의술을 전수받아 오라는 임무가 주어졌다.

정화의 함대는 두 번째 원정길을 나선 지 이 년 만에 각종 약재와 향신료, 보석들을 가득 싣고 귀환하였다. 이때 외국의 사절들도 함께 와 영락제를 알현하고, 진귀한 예물들을 바쳤다. 그들은 진귀한 요리와 각종 과일주가 차려진 연회에서 융숭한 대접을 받고 황제가 하사한 비단, 화려한 무늬가 수놓인 능라, 도자기 등을 싣고 자기 나라로 돌아갔다.

당시 황실의 신하들이 남해 원정의 효용성에 의문을 제기하기도 하였으나 영락제는 이를 한마디로 일축해 버렸다. 원정대는 돌아올 때마다 황제에게 바치는 공물을 가득 싣고 왔지만, 전임 황제가 망명한 흔적은 어디에서도 발견할 수 없었다. 비로소 불안을 떨쳐 버리고 자신감을 회복한 황제는 1416년, 한 사찰에 명하여 "대양을 정복하고, 천하를 평정하였다."라는 명문을 새겨 넣게 하였다.

제4차, 5차 남해 원정에는 마환이라는 통역자가 합류해 항해 일지를 기록하였다. 후기 원정대는 처음보다 규모는 작았지만 오히려 서쪽으로 더 멀리 진출해 아라비아까지 이르게 되었다. 마환은 그곳의 풍물에 대하여 "여인들은 하나같이 천으로 얼굴을 가렸고, 그 나라에서 쓰는 말은 아라피(아랍 어)이다."라고 소개하였다.

아라비아 항해를 마친 정화는 진귀한 동물들을 구하기 위해 다시 붉은 돛을 올리고 아프리카의 말린디로 향하였다. 얼마 전 벵골 왕으로부터 기

정화의 남해 원정 지역 일대를 보여 주는 오늘날 지도.

린을 선물 받은 황제가 그것을 오직 태평성대에만 세상에 모습을 드러낸
다는 전설 속의 동물로 귀히 여겼던 사실을 잊지 않았던 것이다. 그는 영
락제를 기쁘게 하기 위해 두 번째 기린을 중국에 들여왔다. 기린이 황제
에게 진상되던 날, 처음으로 이 경이로운 동물을 목격한 한 시인은 다음
과 같이 묘사하였다.

"붉은 구름 같기도 하고, 자줏빛 안개 같기도 한 광채를 발하는 점
들…… 우아하고 기품 있는 걸음걸이와 그 동물이 발하는 신령한 기운은
하늘 저 높이 천상계에 이른다."

황제는 상서로운 동물 기린이 또다시 명나라 황실에 출현한 사건으로 무척이나 고무되었다. 그리고 이 일을 하나의 길조로 여겨, 베이징으로 수도를 옮기려는 야심찬 계획이 순조롭게 진행될 것으로 기대하였다. 명나라 함대의 위용이 세계를 놀라게 한 것처럼, 새로운 수도의 자금성 또한 주변 나라들에게 경외감을 불러일으키게 될 것이었다.

명나라 궁중 조복을 입은 정화의 초상이 인쇄된 중화 인민 공화국 우표. 중국에는 이 위대한 항해자의 동상이 여러 개 세워져 있으나, 정화가 살아 있을 때 그려진 초상화는 전해지지 않는다. 우표에 있는 정화의 초상은 전적으로 화가의 창작에 의한 것이다.

정화 선단에서 규모가 제일 큰 배들은 신대륙 탐험에 나선 콜럼버스의 배들보다 여덟 배나 컸다. 정화의 배들은 18세기 중엽까지 유럽에서 만들어진 그 어떤 배보다도 장거리 항해에 적합하게 건조되었다.

긴 두루마리 형식으로 제작된 모곤도의 일부분이 담긴 지도 우표. 오늘날의 홍콩 일대에 해당되는 지역이다. 모곤도는 정화의 성공적인 남해 원정을 기념하기 위해 제작된 것으로 알려졌다.

그러나 새로운 궁궐을 짓는 대역사와 대규모 함대의 파견은 중국 경제를 휘청거리게 하였다. 정화의 제6차 원정대는 겨우 마흔한 척의 배로 구성되었을 뿐이었다. 이번 원정의 주요 목적은 황제를 알현하기 위해 중국을 방문한 외국 사절들을 본국으로 실어 나르는 것이었다. 함대는 1421년에 난징을 출발하였다. 그러나 6차 원정 기간 중에 있었던 자금성 완공 축하연에 정화가 참석하였다는 기록이 있는 것을 보면, 아마도 원정 도중에 되돌아온 것 같다. 어쩌면 황실 주변에 감도는 불길한 기운을 느끼고, 다가오는 재앙으로부터 황제를 지키기 위해 황급히 되돌아온 것인지도 모른다.

유행병의 창궐과 북부 지방의 대기근, 남부 지방의 반란 등 재난이 끊이지 않던 시기에 황제가 벌인 대규모 사업은 중국에 커다란 희생을 치르게 하였다. 1421년 봄, 영락제가 달리는 말에서 떨어졌다. 그로부터 얼마 후에는 새로 지은 궁궐의 전각 세 채가 번개를 맞고 타 버렸다. 불길한 징조였다. 그러나 영락제는 주변의 반대에도 불구하고 북쪽의 몽고를 정벌하기 위해 무리하게 군사를 일으키는 한편, 수마트라 지역의 분쟁을 해결하기 위해 정화를 그곳으로 파견하였다.

1424년 여름, 불행하게도 정화가 멀리 외지에 나가 있을 때 영락제가 죽었다. 그리고 정화가 베이징으로 돌아왔을 때는 이미 새로운 황제가 황위에 올랐다. 죽은 황제의 아들인 새로운 황제는 유교를 철저히 신봉하는 사람이었다. 영락제가 죽은 지 겨우 한 달이 지난 1424년 가을, 새로운 황제는 정화 함대의 원정을 중단한다는 칙령을 반포하였다. 거액의 국고를 들여 주변 오랑캐 나라들에게 중국의 위대함을 떨쳐 보이는 것보다는 나라 안의 굶주린 백성을 구제하는 일이 더 중요하다고 생각한 것이다.

그러나 이 황제의 통치는 그리 오래가지 못하였고, 영락제의 손자인 선덕제에게 황위가 이어졌다. 1430년, 외국과의 교역이 줄어들고 진상된 공물도 바닥을 드러내자 할아버지의 기질을 꼭 빼 닮은 선덕제는 은퇴한 전임 사령관 정화를 불러들여 해외 원정에 관해 의견을 나누었다. 정화의 적극적인 조언을 받아들인 선덕제는 또다시 대규모 함대를 조직해 원정을 재개할 것을 명하였다.

1431년, 300척의 배와 27,500명으로 구성된 정화의 함대가 붉은 돛을 높이 올리고 항해에 나섰다. 마환의 기록에 따르면 이번 원정대는 베트남과 자바, 수마트라에 정박했다고 한다. 또 다른 기록들에서는 당시 정화의 함대가 오늘날의 오스트레일리아까지 항해하였으리라는 단서들이 보인다. 원정을 무사히 마치고 귀환하던 정화는 미처 중국 땅에 닿기도 전에 선상에서 예순들의 나이로 숨을 거두었다.

선단은 이번에도 상서로운 동물 기린과 진귀한 재화들을 가득 싣고 돌아왔지만 이미 공자의 도에 충실하기로 마음먹은 선덕제의 마음을 돌리기엔 역부족이었다. 황제는 백성들의 불안감을 달래기 위해 "짐은 더 이상 다른 나라의 것들에 관심을 갖지 않겠노라."라고 선포하였다.

콜럼버스가 태어나기 한 세대 전인 1433년, 중국의 황제는 바깥 세계로 향하는 문을 굳게 닫아 버렸다. 황금 제국이 있다는 아메리카 대륙에 대한 기대로 유럽 인들이 탐욕스런 눈을 번득이던 1500년경, 중국은 항해용 선박 건조를 금지하는 칙령을 반포하고 이를 어긴 사람에게는 사형이라는 가혹한 형벌을 내렸다. 페르디난드 마젤란의 배들이 태평양을 가로질러 항해한 때로부터 30년 뒤인 1551년경에는 한 개 이상의 돛대를 달고 바다에 나가는 것조차도 나라를 팔아먹는 반역 행위로 여겨져 무거운 형벌을 받았다.

정화는 명예롭게 숨을 거두었지만, 그가 죽은 후에는 그의 업적들이 격하되었다. 당시의 한 관리는, 정화의 함대는 영락제의 통치가 얼마나 잘못되었는지를 단적으로 보여 주는 일례라고 비난하였다. 또 다른 관리는 정화와 관련된 기록들은 모두 과장된 이야기에 불과하다고 폄하하며

정화는 오스트레일리아까지 항해하였을까?

1879년, 오스트레일리아의 다윈 시 인근에서 도로 공사를 하던 인부들이 이상한 물건을 발견했다. 명나라 시대에 제작된 작은 조각상 하나가 수세기 동안 자라 왔음직한 커다란 보리수 나무의 뒤엉킨 뿌리 사이에 있었던 것이다. 도교에서 불사신으로 알려진 장과로가 한 손에 장수의 상징인 복숭아를 들고, 사슴 위에 올라앉은 모양의 조각상이었다. 오스트레일리아 북쪽 해안에서 이따금 중국 도자기가 발견되기는 했지만 이 조각상은 그것들보다 제작 연대가 더 오래되었고, 거의 손상되지 않은 상태였다. 그렇다면 이 조각상은 난파된 배에서 오스트레일리아 해안으로 떠밀려 온 것이 아니라 오래전부터 그 자리에 있었던 것으로 추측할 수 있다. 유럽 상인들이 이 조각상을 그 자리에 떨어뜨린 것일까? 아니면 그들보다 수세기 전에 이미 정화의 함대가 오스트레일리아까지 항해했다는 증거일까? 이 의문은 아직까지도 결론이 나지 않은 채 미스터리로 남아 있다.

그것들을 모두 불길 속으로 던져 버렸다. 15세기 중반에 이르면, 중국에는 선체가 크고 바다를 항해하기에 알맞은 배를 만들 수 있는 사람이 한 명도 남지 않는다. 유럽이 잠에서 깨어나 먹잇감을 찾아 나서기 시작할 무렵 중국은 오히려 깊은 잠에 빠져 들고 만 것이다.

그렇다면 정화가 남긴 업적은 무엇인가? 사실 정화는 신대륙 같은 미개척지를 발견한 것은 아니다. 그는 이미 아랍이나 중국 상인들에게 알려진 지역으로 진출하였다. 또한 당시 중국의 지도 제작 기술이 높은 수준이기는 했지만, 정화의 지도들이 지도 제작 면에서 그다지 획기적이었다고 할 수는 없다. 지도를 만드는 사람들은 자신의 필요를 충족시켜 주는 지도를 만들게 마련이다. 정화는 뱃길을 안전하게 인도할 수 있으면서도 새로운 나라들에 대해 특별한 인상을 심어 줄 지도가 필요하였다.

어쩌면 정화는 역사상 가장 위대한 인물 중 한 사람이 되었을지도 모른다. 그가 원정에 나섰던 1405년에서 1433년까지의 시기에는 유럽 국가보다는 오히려 중국에 의해서 세계 지도가 그려졌다고 볼 수 있다. 중국의 황제들이 수차에 걸친 대규모 해양 원정을 통해 정화가 수집한 정보와 기술들을 제대로 활용했다면, 아마도 유럽 인이 아니라 중국인이 세계를 정복하고 식민지를 지배하게 되었을 것이다. 그리고 영어가 아닌 중국어가 세계 공용어가 되어 우리들은 영어 대신 중국어를 배우려고 머리를 싸매고 있을 것이다.

정화의 비극은 명나라 황제들이 그에게서 두 가지 중요한 것을 빼앗아 버린 데서 비롯된다. 한 가지는 어린 정화에게 생식기를 제거하는 궁형을 가해 후손을 가질 수 없도록 만든 점이고, 또 다른 하나는 정화가 남해 원정을 통해 이룩한 성과들이 후대로 전수되지 못하고 역사 속에 파묻히게 만들었다는 점이다.

모곤도(茅坤圖)

베이징의 관리들이 정화의 지도들을 모두 불태워 버린 것은 아니다. 운 좋게 불길을 피한 지도 하나가 1621년 쓰여진 『무비지(武備志)』라는 병서에 남아 전해진다. 일명 모곤도로 알려진 이 지도는 폭 20cm, 길이 508cm의 두루마리에 그려져 있는데 원래는 더 긴 누루마리에서 잘려 나온 것으로 주정된다. 모곤도는 해안선을 위에서 내려다보고 그린 조감도가 아니라, 해안선을 따라 항해하면서 지평선에 연이어 나타나는 산들을 불규칙한 선으로 묘사한 지도이다. 이 지도에는 다양한 축척이 사용되었다. 인구가 밀집된 도시들을 그릴 때는 상대적으로 좁은 지역을 상세히 나타낼 수 있는 대축척을 사용하였다.

모곤도에는 실제로 항해할 때 유용한 정보들이 많이 수록되어 있다. 예를 들어서 싱가포르 해협을 항해하려면 "소(小) 카리문 섬에서 동경 103도 24분 방향으로 5경 동안 항해하라……."는 정보를 얻을 수 있다. 하루를 10경으로 나누어 구분하므로, 매 경은 2.4시간, 그러므로 5경이면 12시간을 말한다. 당시 선원들은 아마도 눈금이 기록된 향나무 막대기를 태워 시간이 얼마나 경과하였는지 알아냈을 것이다. 또한 이 지도에는 야간에 항해할 때 밤하늘의 별들이 수평선으로부터 손가락 몇 마디 높이만큼 떠 있는지를 보고 방향을 알아내는 방법도 실려 있다. 중국 영토 바깥에 위치한 300여 지역을 표기한 모곤도는 중국 최초의 동남아시아 지도로 여겨진다.

그렇다고 해서 정화가 완전히 잊혀진 것은 아니다. 아프리카의 어떤 섬에는 피부색이 누런 황금빛에 가까운 주민들이 살고 있는데, 그들의 조상은 외지에서 커다란 배를 타고 섬에 상륙한 사람들이라는 전설이 전해 내려온다. 그리고 인도네시아에 거주하는 중국인 화교 사회에서는 지금도 전설상의 인물인 산바오(정화의 별칭)를 추모하는가 하면, 말라카에는 산바오를 기리는 사원이 있다. 어떤 이들은 뱃사람 산바오를 『아라비안 나이트』에 등장하는 신드바드와 같은 사람으로 보기도 한다. 신드바드의 이야기는 이렇게 시작된다.

"나는 태양이 떠오르는 큰 바다를 늘 보아 왔다. …… 온갖 피륙을 싣고가 생강, 장뇌 …… 상아, 진주 등과 교역하였다."

정화가 뱃사람 신드바드와 동일인일 수도 있고 아닐 수도 있다. 하지만 그의 삶에 동화가 들려주는 것 이상의 그 무엇이 담겨 있는 것만큼은 분명하다. 정화의 이야기는 한 인간이 이룩한 성과와 외교적 업적에 관한 감동적인 기록이기 때문이다. 그러나 그의 이야기는 또한 엄청난 역사적 손실을 보여 주는 교훈이기도 하다. 아무리 먼 곳을 탐험하고, 아무리 용감하고 뛰어난 항해술을 지녔다 하더라도, 아무도 그의 이야기에 귀 기울이지 않고 그의 지도를 보아 주지 않는다면 무슨 소용이 있겠는가!

노예무역의 아버지 항해왕 엔리케

1444년 8월 8일 이른 아침, 유럽 남서부에 위치한 포르투갈의 라고스 시 근교 들판은 생전 처음 보는 구경거리를 보려고 몰려든 군중들로 북적인다. 아프리카를 항해하고 돌아온 선원들이 검은 피부의 남자, 여자, 어린 아이들을 거칠게 들판으로 끌어내린다. 유럽에서 노예무역의 개시를 알리는 첫 번째 노예 시장이 열리는 끔찍한 아침이다.

15세기 연대기 사가인 고메스 에아네스 데 주라라는 이날의 광경을 다음과 같이 기록한다.

"끌려온 흑인들 중에는 눈물로 범벅이 된 얼굴로 하늘을 올려다보며 누군가가 구조해 주기를 간절히 바라는 사람이 있는가 하면, 어떤 사람은 땅바닥을 뚫어져라 내려다보기만 할 뿐이었다. 마치 상인이 그 날 하루 팔 물건들을 진열하듯 포르투갈 선원들이 잡아온 노예들을 팔기 좋게 분류하기 시작하자 아이가 딸린 여자들은 어린것들을 두 팔로 끌어안고 땅바닥에 몸을 던져 자신의 몸으로 그들을 덮어 가렸다. ……그렇게 해서라도 아이와 떨어지지 않으려고 기를 쓰는 것이다."

날래고 힘이 좋아 보이는 말 등에 올라앉은 한 남자가 멀찍이 떨어진 곳에서 이 광경을 죽 지켜보고 있다. 그가 바로 포르투갈 왕 주앙의 셋째 아들 돔 엔리케, 역사책에 등장하는 항해왕 엔리케이다. 지나치게 경직된 기독교도인 엔리케는, 아프리카 인들을 사냥해 유럽의 노예 시장에 파는 것은 그들의 영혼을 구원하는 선한 일이라는 뒤틀린 논리에 사로잡힌 사람이다. 만일 아프리카 인들이 모슬렘 노예 상인에게 잡혔다면 모두 이슬람교도가 될 텐데 다행히 포르투갈 인들에게 잡혀 온 덕에 조만간 기독교도로 개종될 것이므로 노예들에게 유익한 일이라는 논리이다. 연대기 사가 주라라에 따르면, 엔리케 왕자는 '영혼의 구원이라는 점을 생각할 때 노예무역은 잘한 일'이라며 스스로 흡족해하였다.

인간의 호기심은 미지의 세계를 탐험하고, 그것을 지도로 그려 역사의 새로운 지평을 열게도 하지만, 다른 한편으로는 착취와 배신의 길로 들어서게 만들기도 한다. 아마도 엔리케 왕자는 유럽에 노예무역을 도입한 자신의 행위를 수치스럽게 여기지 않을 것이다. 아니 오히려 자신이 포르투갈의 영광을 드높였고, 아프리카 인들을 개종시켜 예수 그리스도 안에 한 형제로 만들었으며, 미개척지를 탐험해 지도에 추가하는 업적을 이루었다는 자부심 속에 눈을 감을 것이다. 그리고 자신이 친형제 둘을 죽음에 이르도록 방치한 일 따위는 기억조차 하지 않을 것이다.

엔리케 왕자는 중세 시대의 끔찍한 악몽 같은 내력을 지닌 집안에서 태어났다. 그의 할아버지 페드로는 젊은 시절, 궁중 시녀인 이네스 드 카스트로와 사랑에 빠졌다. 두 사람의 사랑을 용납할 수 없었던 페드로 왕자의 아버지는 이네스를 처형해 둘 사이를 영원히 갈라놓았다. 드디어 페드로가 왕위에 오르자 궁정에는 피바람이 몰아쳤다. 페드로는 이네스를 처형한 자들의 심장을 도려내고, 이네스의 시신을 파내서 궁정 신하들에게 그녀의 차디찬 손에 입을 맞추도록 명령하였다.

이처럼 끔찍한 기억으로부터 자유롭지 못한 집안으로 시집온 여자라면, 아마도 매사에 더욱 조심하고 경계하며 자녀들을 반듯하게 키우려고 노력할 것이다. 페드로 왕의 아들 주앙은 훌륭한 가문 출신에 신앙심도 깊은 영국의 숙녀 랭커스터의 필리파를 배필로 맞았다.

포르투갈의 한 역사가는 필리파 왕비에 대하여 "왕비는 마치 구정물통처럼 온갖 부도덕과 불결에 젖어 있는 궁정을 수녀원처럼 정결하게 바꿔 놓았다."라고 기록하였다. 1415년, 자신의 목숨이 얼마 남지 않았음을 예감한 왕비는 아들들을 병상으로 불러들였다. 아직 너무 어린 막내 페르난도 왕자를 제외한 세 아들 두아르테, 페드로, 엔리케가 병상으로 가까이 다가오자 필리파 왕비는 금과 진주로 칼자루를 장식한 모형 칼을 아들들에게 주었다. 그리고 그들에게 늘 기사도 정신을 간직할 것이며, 형제간에 서로 진심으로 아껴 줄 것을 다짐하도록 하였다. 형제들이 돌아가며 맹세하는 동안 엔리케 왕자는 어머니에게 자랑스러운 아들이 되기 위해 평생 독신으로 지내며 신앙심을 굳게 지키리라 마음먹었다.

왕비의 유언은 한 가지가 더 있었다. 그녀는 왕자들에게 이교도, 즉 북아프리카 모슬렘들의 피로써 포르투갈 내전 중에 왕실에 얼룩진 기독교도들의 피를 깨끗이 씻어 내라고 당부하였다. 어머니가 눈을 감기 직전, 왕자들은 지브롤터 해협 너머 북아프리카에 있는 모슬렘 도시 세우타를 공격하려고 비밀리에 준비 중이라는 사실을 왕비에게 알려 주었다. 만일 그들이 세우타를 차지한다면, 포르투갈은 지중해 연안의 교역권을 장악해 아프리카의 부를 차지할 뿐 아니라 인도에 이르는 길을 개척하게 될지도 모를 일이었다.

1415년 8월 20일 어둠이 깔리기 시작할 무렵, 포르투갈 군사들은 위대한 아랍 인 지도 제작자 알 이드리시의 고향이기도 한 세우타를 공격하였다. 침략자들은 영국인 궁수들의 엄호 아래 성벽을 돌파해 하루 만에 도시를 점령하였다. 세우타 정복은 아프리카를 기독교의 십자가 아래로 개종시키리라고 마음먹은 엔리케 왕자의 십자군 전쟁의 서막이었으며, 동시에 포르투갈이 번영의 길로 접어들게 되는 계기가 된 사건이었다. 그러나 엔리케 왕자는 자신의 계획이 실현됨으로써, 보다 과학적인 지식에 근거한 모슬렘들의 항해술과 지리학이 모두 폐기되고 낡은 기독교적 세계관이 그 자리를 대신하게 될 것이라는 사실은 전혀 깨닫지 못하였다.

세우타 곳곳을 둘러보던 엔리케 왕자는 시장 상인들이 사하라 사막 너머의 나라들로부터 금과 향신료를 들여와 거래하는 광경을 목격하였다. 그는 아프리카 대륙이 남으로 얼마나 더 뻗쳐 있는지 무척 궁금했다.

그로부터 몇 달이 지났을 때 엔리케 왕자는 어떻게든 세우타에서 교역이 재개되는 방안을 마련해야 할 처지가 되었다. 세우타가 기독교도의 수중에 떨어졌다는 소문이 사방에 퍼지면서 리비아, 말리, 통북투 등지에서 들어오던 교역선과 대상들의 발길이 뚝 끊김과 동시에 세우타의 시장들이 한산해졌기 때문이다.

엔리케 왕자는 아프리카 교역을 활성화시키고, 미개척지를 탐험하기 위해 새로운 방법을 모색해야만 했다. 그는 먼저 대서양을 향해 깎아지른 듯한 절벽들이 황량하게 솟아 있는 포르투갈 남부의 사그레스에 항해 본부를 설치하였다. 1418년, 마침내 아프리카 대서양 연안을 조사하는 임무를 띤 탐사선들이 파견되었다.

보자도르 곶은 당시 유럽 인들에게 세계의 끝이라고 알려진 곳으로 아프리카 대륙을 끼고 대서양 연안을 따라 1,600km가량 내려간 곳에 위치해 있다. 그곳은 바위투성이의 해변에 펄펄 끓는 파도가 넘실대고 우뚝 솟은 절벽 아래로 핏빛 물보라가 치는 위험한 지역으로 알려져 있었다. 선원들은 보자도르 곶이 바로 세상의 끝이라고 믿었다. 그러나 금지된 방문 앞에서 오히려 어린아이의 호기심이 더 커지는 것처럼 엔리케 왕자는

항해왕 엔리케의 세계를 보여 주는 오늘날 지도.

보자도르 곶 너머에 무엇이 있는지 반드시 알아내고 싶었다. 그는 1424년부터 1434년까지 열다섯 차례나 탐험대를 파견해 그곳을 탐험하도록 하였다.

엔리케 왕자는 저 멀리 대서양이 내려다보이는 사그레스 돌담길을 수없이 오가며 탐험대로부터 날아올 반가운 소식을 기다렸다. 엔리케가 파견한 탐험대는 십 년에 걸친 항해 끝에 마데이라와 아조레스 섬을 포르투갈의 세계 지도에 추가할 수 있었다. 하지만 엔리케 왕자는 이에 만족하지 않고 보자도르 곶 너머 더 남쪽으로 항해하도록 탐험대를 독려하였다.

엔리케 왕자의 이런 태도는 여느 중세인과는 전혀 달랐다. 당시 대부분의 유럽 인들은 적도에 가까이 다가가면 바다가 끓어오르기 시작한다고 믿었다. 그들이 생각하기에 아프리카는 머리가 개 모양인 사람들이 살고, 돼지만큼 커다란 개미가 우글거리는 위험한 대륙이었다. 또한 중세의 기독교는 눈에 보이는 실제 세계에 대한 탐구를 죄악으로 여기며 오직 죽음 이후의 세계에만 관심을 갖도록 가르쳤다. 그런데 독실한 기독교 신자인 포르투갈 왕자의 마음에 심상치 않은 변화가 일어난 것이다. 그리고 그 호기심은 마침내 신앙을 뛰어넘어 미지의 세계로 달려 나갔다.

드디어 1435년, 용감한 질 에아네스 선장의 지휘 아래 포르투갈 배가 보자도르 곶 너머로 항해하게 되었다. 바다는 끓어오르지 않았다. 해변에 닿은 선원들은 모래사장에서 개 머리를 한 사람들이 아닌, 보통 사람들의 발자국을 발견하였을 뿐이다.

엔리케 왕자는 탐험대가 보자도르 곶 이남으로 항해하기 위해서는 무엇보다 그에 적합한 배가 필요하다고 판단하였다. 그래서 이 기독교도 왕

15세기 프랑스에서 건조된 카라벨 선. 카라벨 선은 배 밑이 평탄하고 너비가 좁으며 물에 잠기는 부분이 적고 속력이 빨라 연안 항해에 적합했다.

자는 자신이 그토록 경원하던 이교도들에게 도움을 요청하였다. 아랍 인들이 여럿 포함된 선박 설계사와 기술자들에게 비밀리에 새로운 배를 만들도록 지시한 것이다. 이렇게 만들어진 배가 카라벨 선이다. 이 배는 속도도 매우 빨랐고 조정하기도 쉬웠다. 카라벨 선 덕분에 포르투갈 인들은 아프리카 해안을 따라 그 어느 때보다도 훨씬 더 남쪽까지 항해할 수 있었다. 항해를 떠난 선원들은 얼마 지나지 않아 아프리카 인들을 납치해

카라벨 선

사각형 돛이 달린 종래의 포르투갈 배들은 아프리카 연안을 항해하는 데 문제가 있었다. 아프리카 해안을 따라 남으로 항해할 때는 편리했지만, 바람을 거슬러 되돌아올 때는 똑바로 항해하지 못하고 지그재그로 방향을 틀어야만 했다. 따라서 항해에 많은 시간이 걸렸고, 그에 따라 더 많은 소요 물자를 싣고 다녀야 했다. 사그레스의 선박 설계사들은 이 문제를 해결하기 위해 아랍 인들의 배를 본 따 큰 삼각돛을 장착한 카라벨 선을 고안해 냈다. 바람을 잘 타는 삼각돛 덕분에 카라벨 선은 아프리카로부터 돌아오는 시간을 훨씬 단축할 수 있었다.

카라벨 선의 장점은 무엇보다도 조종하기가 쉽다는 것이다. 어린아이도 배를 조종할 정도였는데 실제로 그런 사례가 있었다. 1446년, 엔리케 왕자가 파견한 배들이 아프리카의 감비아 강을 따라 이동하다가 매복해 있던 아프리카 인들의 공격을 받게 되었다. 아프리카 인들은 노예 사냥꾼들을 응징하기 위해 독화살을 쏘아 20명이 넘는 포르투갈 인을 살해하였다. 포르투갈로 귀환하려면 아직도 2,400km를 항해해야 하는데, 배에 남은 사람은 아프리카 소년 한 명과 배에서 잔심부름을 하던 포르투갈 소년 두 명, 그리고 항해 훈련 중이던 아이레스 티노코라는 10대 소년(그가 배의 선장이 되었다.)이 전부였다.

소년들은 모슬렘 무역 상인에게 발견될지도 모른다는 두려움 속에서 두 달 동안 항해를 계속했다. 아프리카 대륙을 오른쪽으로 하고, 북극성을 정면으로 바라보며 앞으로 나가던 소년들은 스페인 해적선의 도움을 받아 무사히 포르투갈로 귀환할 수 있었다. 이 어린 항해자들은 곧바로 궁전으로 인도되어 엔리케 왕자를 알현하는 영광을 누렸고, 그들의 이야기는 포르투갈의 위대한 영웅담 중 하나로 전해지고 있다.

왔다. 처음에는 자신들의 항해를 증명하기 위해 흑인 몇 사람을 잡아 오던 것이 점차 그들을 노예로 팔아 큰 이익을 남기게 되면서 본격적인 흑인 사냥에 나서게 되었던 것이다.

엔리케 왕자는 당연히 더 많은 정보가 필요했는데, 그것은 더 많은 지도가 필요하다는 의미였다. 엔리케 왕자는 알 이드리시의 지도를 보았거나 사하라 사막을 횡단해 말리와 통북투까지 여행한 순례자 이븐 바투타의 글을 읽었던 모양이다. 그는 모슬렘 상인들을 사그레스로 불러들이고, 기독교도들보다는 모슬렘 상인이나 순례자, 선원들과 교류가 활발한 마요르카 섬의 유대 인 지도학자들의 의견을 참고하였다.

크레스케스 가는 마요르카 섬에서 지도 제작으로 이름이 널리 알려진 집안이었다. 1375년, 아브라함 크레스케스는 아라곤 왕이 프랑스 왕에게 선물할 지도책을 제작하였다. 오늘날 『카탈루냐 지도집』으로 불리는 이 지도책에 그려진 아프리카 대륙은 엔리케 왕자 같은 이들의 관심을 끌기에 충분하였다. 크레스케스의 지도에는 검은 피부에 유럽의 왕처럼 차려입은 말리 왕 만사 무사가 한 손에 커다란 황금 덩어리를 들고 있는 모습이 그려져 있었다. 엔리케 왕자는 아브라함의 아들 예후다 크레스케스에게 사그레스로 와서 후진을 양성해 줄 것을 간청하였다.

포르투갈 왕실에는 엔리케 왕자 말고도 지도 제작에 관심이 많은 이가 또 있었다. 엔리케의 형 페드로 왕자는 벌써 몇 해째 다른 나라를 여행하며, 각국의 궁정에 소장되어 있는 지도들을 눈여겨보아 오던 터였다. 포르투갈의 권력자들은 세계를 정복하고, 특히 많은 이익을 남길 수 있는 노예무역권을 주도하기 위해서는 지도가 중요하다는 사실을 너무나 잘 알고 있었다. 그래서 그들은 법과 조례를 만들어 왕실의 허가 없이는 누구도 아프리카의 신개척지를 지도나 지구의에 그려 넣지 못하도록 철저히 금하였다. 1430년대에 이르자, 페드로 왕자는 지도를 찾아 다른 나라를 여행하던 일을 중단하기로 결정하였다. 포르투갈의 국내 정세가 복잡하게 돌아갔기 때문이다.

1433년, 마침내 주앙 왕이 죽었다. 왕자들은 처음에는 어머니의 유언대로 형제간에 우애를 다지며 잘 지냈다. 이때 두아르테를 비롯한 네 왕자들은 전에 세우타를 정복했던 것처럼 북아프리카의 도시 탕헤르를 공격하자는 데 뜻을 모았다. 그러나 이 야심찬 계획은 그들 형제에게 재앙이 되고 말았다. 세 번에 걸쳐 탕헤르를 공격했지만 번번이 실패하였고, 엔리케 왕자가 타고 있던 말까지 적의 공격을 받아 쓰러질 정도로 수세에 몰렸다. 적들은 굴욕적인 협상 조건을 내세우며 왕자들을 압박하였다. 세우타를 되돌려 줄 때까지 막내 페르난도 왕자를 인질로 잡고 있겠다는 조건이었다.

두아르테와 엔리케, 페드로가 막냇동생을 적의 손아귀에 남겨 둔 채 몇 해를 흘려보내는 동안, 막내 페르난도는 언젠가는 자유의 몸이 되리라는 희망을 품고 애타게 형들을 기다렸다. 그러나 불행하게도 형들의 입장에서는 세우타를 포기하기가 쉽지 않았다. 결국 그들은 젊은 시절의 영광을 놓치지 않기 위해, 오래전 어머니의 임종을 지키며 다짐했던 약속을 저버리고 세우타를 택하였다. 협상이 오 년 동안이나 지리멸렬하게 지연되는 동안 페르난도는 악취 나는 더러운 감옥에서 하염없이 구원의 손길을 기다리고 또 기다렸다. 그러다 마침내 이질에 걸려 고열과 설사에 시

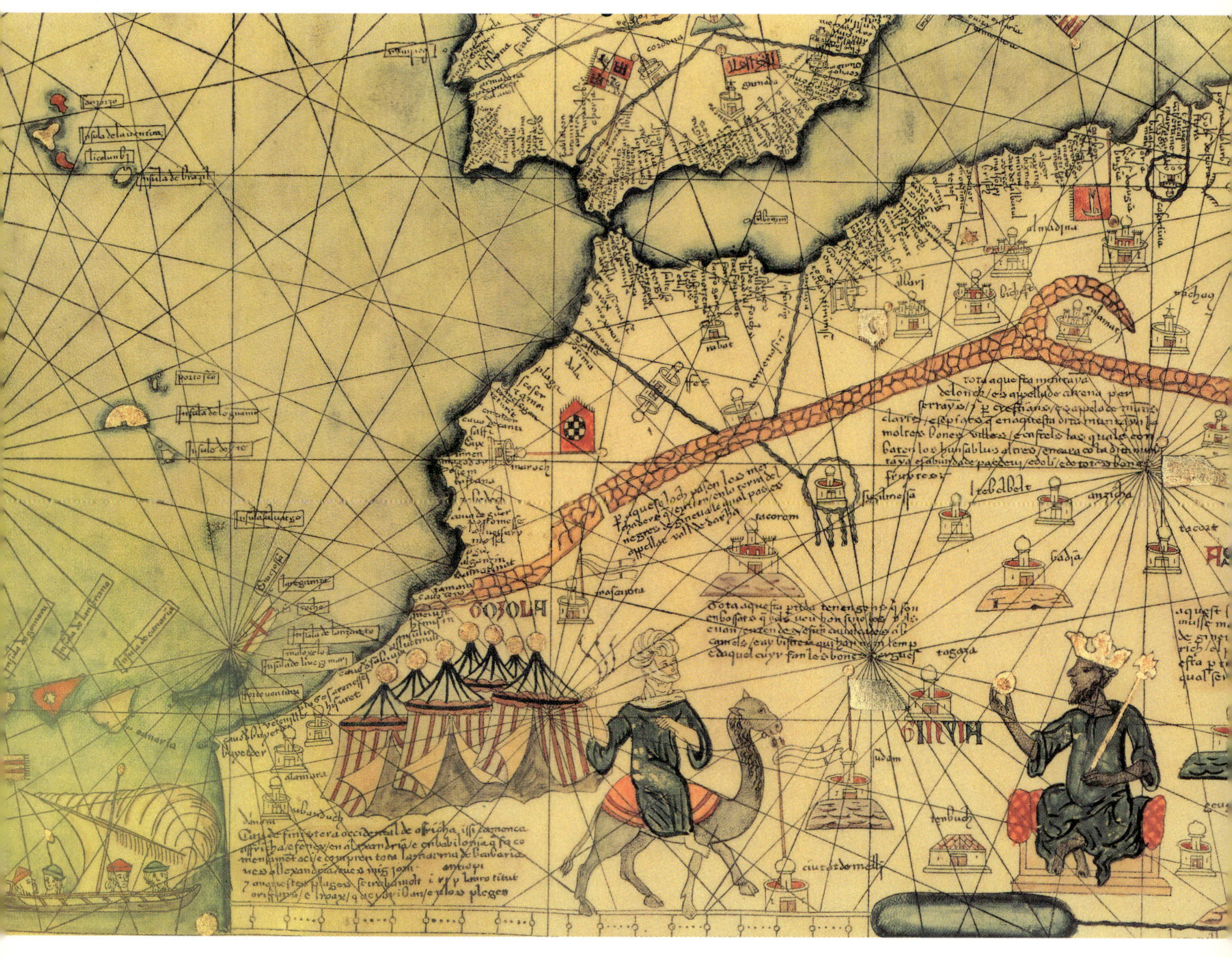

1375년경, 아브라함 크레스케스에 의해 제작된 『카탈루냐 지도집』에 실린 지도. 지도에는 지중해 해안선과 서부 아프리카 일부가 보이고, 낙타를 탄 대상이 사하라 사막을 횡단하는 모습이 그려져 있다.

카탈루냐 지도

'카탈루냐 지도'는 중세 유럽에서 가장 뛰어난 지도 중 하나이다. 아브라함 크레스케스(아마도 그의 아들 예후다와 함께)는 1375년 경, 열두 장의 양피지 위에 화려한 색깔의 물감과 금박을 사용해 지도를 그렸다. 우리는 '지도책' 하면 일종의 지도 모음집이라 생각하게 마련이지만, 『카탈루냐 지도집』은 오늘날의 지도책과는 달리 천체 지도들도 실려 있다. 아시아 지도 편에는 아랍 인이나 이탈리아 인 여행자들이 전해 준 정보를 토대로 '델리(인도의 델리)'나 '메코(사우디아라비아의 메카)' 같은 지역이 표시되어 있다. 또 마르코 폴로 일행을 태운 낙타들이 오늘날의 중국을 일컫는 명칭인 '카타요' 또는 '카타에'를 향하여 가는 모습이 그려진 지도도 있다.

크레스케스는 지중해의 뱃사람들이 항구를 찾아갈 때 이용한 수로 안내도인 포르툴라노 해도에서 몇몇 과학적인 요소들을 뽑아 지도를 만드는 데 활용하였다. 포르툴라노 해도는 동서남북, 어느 방향에서 바람이 불어오는지 알 수 있도록 표시된 가장 오래된 지도 중 하나이다.

달리다가 1443년에 사망하였다.

이즈음 맏형 두아르테가 갑자기 죽는 바람에 아직 어린아이에 불과한 그의 아들 아폰소가 왕위를 이어받았다. 나라를 다스릴 강력한 집권자를 상실한 포르투갈은 금방이라도 내전으로 치달을 듯한 분위기였다. 귀족들은 둘째 페드로를 실질적인 왕으로 추대하는 데 합의하였다. 페드로 왕자도 부를 추구하는 데는 엔리케 왕자 못지않았다. 그는 개인적으로 지도를 사들이고, 자신의 카라벨 선을 아프리카 남쪽으로 파견해 엔리케 왕자와 경쟁하였다.

그러던 중 1449년, 페드로 왕자가 리스본 부근의 알파로베이라에서 귀족들에 의해 살해되는 사건이 벌어졌다. 당시 엔리케 왕자가 사전에 살해 음모를 감지하였고 마음만 먹으면 얼마든지 막을 수도 있었다는 소문이 공공연하게 떠돌았다. 실제로 이 사건 후, 엔리케는 페드로의 부인과 아이들을 보호해 주지 않고 국외로 망명길을 떠나게 하였다. 무려 오 년 동안이나 죽은 페드로의 장례를 거행하지 않고 미룬 것도 엔리케에 대한 의혹을 부추겼다.

이런 와중에 어린 아폰소가 왕이 된 것이다. 1457년경, 아폰소는 베네치아의 위대한 지도 제작자인 프라 마우로에게 '마파문디' 즉 세계 지도 제작을 의뢰하였다. 아폰소의 마파문디는 소실되어 현재 전해지지 않지만, 프라 마우로의 다른 지도에는 아프리카가 해안선을 따라 일주할 수 있는 대륙으로 그려져 있다. 이러한 사실이야말로 바로 엔리케 왕자가 바라던 바였다.

이제 엔리케 왕자도 노년에 접어들었다. 그는 그 옛날 어머니와 했던 약속을 지키지 못한 뼈아픈 기억, 그리고 둘째 형 페드로와 막냇동생 페르난도의 생명을 지켜 주지 못한 회한에 시달렸다. 그러나 그러한 가슴 아픈 기억에도 불구하고 새로운 발견에 대한 집념과 열정은 사그라들지 않았다. 그는 아프리카 해안 더 멀리까지 탐사하도록 계속해서 선원들을 파견하였다. 1457년, 엔리케 왕자의 선원들이 마침내 북회귀선을 넘었다. 곧이어 그들은 아프리카 대륙이 더 이상 서쪽으로 내달리지 않고, 동쪽으로 휘어지기 시작하는 베르데 곶에 도달하였다.

선원들이 이제 동쪽으로 뱃머리를 돌려 아프리카 해안을 항해한다는 소식이 사그레스에 전해졌을 때 엔리케 왕자는 아마도 자신의 탐험대가 조만간 진귀한 재화가 넘쳐 나는 인도에 다다르게 되리라고 기대했을 것이다. 그러나 1460년 11월 13일, 엔리케 왕자는 인도에 닿으려면 얼마나 더 많은 곳을 거쳐야 하는지 알지 못한 채 병으로 죽고 말았다.

엔리케 왕자는 후손을 남기지 않았지만 그의 선구자적인 면을 생각할 때 수많은 사람들의 아버지라고 할 수 있다. 그는 선박 건조자, 항해자,

한 손에 모형 카라벨 선을 들고, 저 멀리 바다를 내다보고 있는 항해왕 엔리케의 조각상. 탐험과 미개척지의 발견을 갈망했던 엔리케의 모습이 잘 표현되어 있다.

지도 제작자들로 구성된 전문적인 해양 연구단을 최초로 조직한 사람이
었다. 그리고 제대로 된 지도를 만드는 것이야말로 가장 시급한 일이며,
그것이 포르투갈의 다음 세대들을 '대항해 시대'로 이끌게 되리라는 사실
을 누구보다도 먼저 깨달은 사람이었다.

엔리케 왕자의 뒤를 이은 항해자 중 하나가 바로 바르톨로뮤 디아스이
다. 디아스는 1487년, 포르투갈 배로 아프리카 최남단인 희망봉을 돌아
항해하였다. 그로부터 십 년 후에는 바스코 다 가마가 아프리카 대륙을
따라 항해하여 인도에 도착했다. 1500년, 바스코 다 가마의 항로를 좇아
인도로 가던 알바레스 카브랄은 풍랑에 떠밀려 서쪽으로 항해하는 바람
에 오늘날의 브라질을 발견하게 되었다. 그리고 마침내 포르투갈 출신의
위대한 항해자 페르디난드 마젤란이 등장한다. 스페인 세비야 왕국의 깃
발을 꽂고 항해에 나선 마젤란은 항해 도중 필리핀에서 죽었지만, 그의
탐험대는 1522년, 세계 최초로 전 세계를 일주하는 기록을 세웠다. 이러
한 영웅적인 항해자들이 이룩한 성과는 어느 정도는 엔리케 왕자의 덕분
이라 할 수 있다.

그러나 엔리케 왕자는 '유럽 노예무역의 아버지'라는 악명을 결코 떨
쳐 버릴 수 없다. 그가 시작한 노예무역은 이후 수천만에 이르는 아프리
카 인들의 삶을 학대와 만행, 유랑의 길로 내모는 계기가 되었기 때문이
다. 불행하게도 엔리케 왕자가 이룩한 업적 곳곳에는 그의 형제들의 망령
과 수많은 아프리카 노예들의 원혼이 불길하게 맴돌고 있다.

지도에 신앙을 그린 메르카토르

봄이라고는 하나 여전히 춥고 음산한 1544년의 어느 날, 여섯 아이들의 아버지이자 당시 가장 유명한 지도 제작자 중 한 사람인 헤르하르뒤스 메르카토르가 자신이 갇혀 있는 지하 감옥의 육중한 문이 언제 열릴지 초조하게 지켜보고 있다. 문이 열림과 동시에 그는 밖으로 끌려 나가 처형될 것이다.(어쩌면 화형대에 묶여 불에 타 죽을지도 모른다.) 얼마 전 신성 로마 제국의 황제 카를 5세의 여동생인 마리아 여왕이, 자신의 지배하에 있는 저지대 나라들(오늘날의 벨기에와 네덜란드 일부)에서 신앙이 의심스러운 자들을 모두 색출해 죽이라는 명령을 내린 터였다.

뤼펠몬데 성 감옥에 갇혀 두터운 돌벽을 응시하는 이 지도 제작자는 그동안 자신이 만든 지도들이 끝내 자신의 유죄를 입증하는 증거가 되고 말 것인지에 대하여 걱정하고 있다. 그는 매사에 신중하고 다른 나라에까지 명성이 자자한 지도 제작자이다. 그런데 그가 만든 지도들이 어떻게 가슴속 깊이 숨겨 둔 그의 신앙을 드러내는 증거가 될 수 있을까? 메르카토르가 살던 시대에는 얼마든지 가능한 일이다. 바야흐로 유럽은 곳곳에서 종교 전쟁의 피바람이 몰아치는 대격변과 혼란의 한가운데 놓여 있다. 황제의 대리인들은 가톨릭 교단에 충성을 보이기 위해서 신교도들이 자신들의 신앙을 은밀하게 표현한 흔적을 색출해 내려고 혈안이다. 신교도들의 이런 행위는 황제에 대한 저항으로 간주되기 때문에 황제의 대리인들은 지도에 그려진 것까지도 샅샅이 조사하게 마련이다.

메르카토르는 지도는 결코 순수한 과학적 결과물에 그치는 것이 아니라는 사실을 잘 알고 있다. 지도 제작자는 모아진 정보들 중에서 무엇을 취하고 무엇을 버릴 것인지 선택하게 마련이므로 지도에는 당연히 그것을 만든 사람의 신앙이 반영되어 있다.

1537년, 메르카토르는 처음으로 자신의 지도를 세상에 공개하였다. 이스라엘 민족이 이집트의 노예 생활에서 탈출해 팔레스타인에 정착하기까지의 여정을 묘사한 지도였다. 당시 다른 지도 제작자들이 그린 지도에는 보통 개미만 한 크기의 이스라엘 노예들이 이집트 군대의 추격을 받으며 홍해를 건너는 모습이 그려져 있다. 그러나 메르카토르는 갈라진 바다 양옆으로 넘실대는 파도만을 그려 넣음으로써 지도를 보는 이들 스스로 이스라엘 사람의 처지가 되어 당시의 급박한 상황을 상상하도록 유도하였다. 누구나 스스로 성경을 읽고 해석하도록 하는 것, 이것이 바로 신교도들이 추구하는 신앙의 핵심이었다.

뤼펠몬데 성의 차디찬 감옥에 갇힌 이 남자가 의심을 받는 이유는 그밖에도 또 있다. 메르카토르는 1538년에 제작한 첫 번째 세계 지도에서 지구의 표면을 반으로 잘라 두 개의 반구체로 나누어 그렸는데, 그 모양이 꼭 사람의 심장 같았다. 심장 모양의 지도 투영법(구형에 가까운 지구의 표면을 평면으로 전환해 지도상에 나타내는 방법)은 대륙의 실제 모양을 이해하는 데는 도움이 되지 않지만, 우리가 살고 있는 세계가 인간의 심장과 같다는 암시를 담고 있다. 최초로 종교 개혁의 불을 당긴 마르틴 루터는 하나님을 찾으려면 자신의 마음을 들여다보아야 한다고 주장해 온 터였다. 당시 마음은 흔히 심장으로 표현되었으므로 지도 제작자가 심장 모양의 세계 지도를 그리는 일은 마치 섶을 지고 불 속으로 달려드는 것이나 마찬가지이다.

메르카토르도 이 모든 사실을 잘 알고 있다. 그러나 그는 자신이 위대한 '지리상의 대 발견' 시대의 한가운데 서 있으며, 그 어느 때보다도 지도를 만드는 일에 세상 사람들의 관심이 집중돼 있음도 분명하게 깨닫고 있다.

메르카토르는 1512년, 벨기에의 안트베르펜 근교에서 태어났다.(원래 이름은 플랑드르 말로 '상인'이란 뜻인 크레메르였는데 후에 라틴식 이름인 메르카토르로 바꾸었다.) 이곳저곳을 떠돌며 신발을 만들어 파는 부모 덕분에 메르카토르는 주로 시장이나 대학이 자리 잡은 지역에서 어린 시절을 보냈다. 당시는 포르투갈 사람들이 아프리카 대륙을 돌아 항해한 소식이라든가, 크리스토퍼 콜럼버스나 존 캐벗이 북대서양을 가로질러 항해한 이야기 등 새로운 지리상의 발견에 사람들의 관심이 집중되던 때였다. 메르카토르가 태어나기 오 년 전에는 마르틴 발트제뮐러라는 독일의 한 수도사가 신대륙을 '아메리카'라고 이름 지어 세계 지도에 그려 넣음으로써 아메리카를 하나의 대륙으로 구분하였다. 이런 배경 속에서 성장했으므로 메르카토르는 이미 어릴 때부터 구두를 수선하는 일보다는 지도를 만드는 일에 훨씬 더 흥미를 느꼈다.

메르카토르는 부유한 친척이 학비를 대 준 덕에 글자를 아름답게 쓰는 서법을 배웠는데 특히 글자를 읽기 쉽도록 오른쪽으로 약간 기울여 쓰는 이탤릭체를 능숙하게 쓸 줄 알았다. 또한 조각과 연장 제작법을 배웠을 뿐 아니라 루뱅대학교에서는 천재 수학자 게마 프리시우스로부터 수학도 배웠다.

게마는 측량에 관한 책들을 저술하고 여러 가지 과학 기구와 지구의 등을 제작해 널리 알려진 인물이었다. 게마가 만든 지구의를 소장하고 싶었던 신성 로마 제국의 황제 카를 5세는 게마의 저작권을 보호하도록 명령을 내려, 이 과학자가 자신만을 위한 최첨단 지구의를 만들도록 조치하였다. 황제가 요구하는 지구의를 혼자서 만들기는 어려웠으므로 게마는 장래가 촉망되는 학생들을 비롯해 여러 사람들을 그 일에 가담시켰다. 메르카토르에게는 지구의의 표면에 이탤릭체로 지명을 적어 넣는 일이 맡겨졌다.

지구의는 열두 조각의 종이에 세계 지도를 나누어 그린 다음 둥근 표면에 붙이는 방식으로 제작되었다. 둥근 모양의 선물을 포장할 때 포장지를 알맞게 자르지 않고 그냥 싸 버린다면 겉모양이 우글쭈글하게 될 것이다. 메르카토르는 지구의의 표면이 우그러지는 것을 막기 위해 럭비공의 양쪽 끝을 잡아 늘린 모양으로 오린 종이 위에 세계 지도를 나누어 그렸

게마의 천재성

너른 바다를 항해하는 사람들에게는 경도를 확인하는 방법, 즉 자신이 현재 얼마나 동쪽 또는 서쪽에 위치해 있는지를 알아내는 것이 아주 중요하다. 경도를 잘못 계산하면 배가 항구를 그냥 지나쳐 버려 식수를 공급받지 못할 수도 있고, 암초에 부딪쳐 좌초할 수도 있기 때문이다.

1533년, 게마 프리시우스는 지구의 자전 주기가 24시간이라는 점에 착안해 경도 문제를 해결하였다. 지구가 한 바퀴(360도) 도는 데 24시간이 걸린다면 한 시간마다 동쪽이나 서쪽으로 15도씩 이동하게 된다는 결론이 나온다. 그렇다면 처음 출항한 항구나 국제적으로 약속된 특정 지점에서 출발한 시간과 현재 위치한 지점의 시간을 비교하면 출발점에서 얼마나 동쪽 또는 서쪽으로 움직였는지를 계산해 낼 수 있다.

게마는 그 밖에도 지도를 만드는 데 유용한 발상을 많이 하였다. 게마와 메르카토르가 살던 저지대 나라들은 평지가 넓게 펼쳐져 있어 지도를 만드는 신기술들을 실험해 보기에 안성맞춤이었다. 교회 종탑에만 올라가도 사방으로 곧게 뻗어 나간 길과 운하들이 한눈에 들어오기 때문이었다. 게마는 삼각 측량술을 이용해 넓은 땅을 측량하는 방법을 제시하였다. 먼저 측량자는 교회 종탑 A와 B 사이의 거리를 최대한 정확히 잰다. 그 다음에 종탑 A에 올라서서 종탑 A와 B를 이은 선과, 종탑 A와 또 다른 종탑 C를 연결한 선 사이의 각도 즉 각 BAC를 측정한다. 그리고 종탑 B에 올라서서 동일한 방법으로 각 ABC를 측정한다. 그렇게 얻은 정보 즉 삼각형의 밑변의 길이와 두 각의 크기를 알면 나머지 두 변 AC와 BC의 길이를 계산해 낼 수 있다.

다. 이 작업은 메르카토르가 공처럼 둥근 지구의 표면을 평면 지도로 전환하는 문제를 진지하게 생각하게 되는 계기가 되었을 것이다.

1535년에 제작된 게마 – 메르카토르 지구의에는 당시 탐험가들로부터 수집한 최신 정보들이 반영되었다. 여러 척의 범선과 자그마한 이국인들이 장식으로 그려진 이 지구의는 아프리카 대륙의 모양이나 크기가 그 이전에 만들어진 어떤 지도보다도 실제와 근접하게 표현되어 있다. 그러나 전체적으로 그다지 정확하다고는 볼 수 없다. 예를 들면 지중해는 오늘날 우리가 알고 있는 실제 모습보다 (고대 그리스의 지리학자 프톨레마이오스가 추정했던 것처럼) 길고 홀쭉하게 보인다. 그리고 특이하게도 남극 대륙이 커다랗게 그려져 있는데 지구가 균형을 유지하기 위해서는 그런 모양이어야 한다는 당시 과학자들의 믿음이 반영되었기 때문이다.

게마의 지구의 제작에 참여한 젊은 메르카토르는 자신의 미래가 탄탄대로일 것이라고 믿었다. 그 무렵 메르카토르는 바버라 쉴레켄이라는 여자와 결혼하였다. 바버라도 남편과 마찬가지로 새로운 종교에 관심이 많았다. 얼마 후 이 부부는 금지된 영역에 관심을 가진 대가를 혹독하게 치르게 되었다.

메르카토르가 첫 번째 지구의 제작을 마칠 즈음, 가톨릭교회 측은 영국인 신학자 한 명과 인쇄업자 존 틴들을 안트베르펜 부근에서 체포하였다. 틴들에게 씌워진 죄목 중 하나는 가톨릭 성직자만 읽도록 되어 있는 성경을 영어로 번역해 보통 사람들도 읽을 수 있게 했다는 것이었다. 틴들은 메르카토르가 결혼하고 얼마 되지 않아 이단으로 몰려 처형되었다. 새로운 성경을 비밀리에 간행하는 사람들은 주로 인쇄업자들이었으므로 가톨릭 측에서는 인쇄와 관련된 제판사, 필경사, 지도 제작자들에게도 의심의 눈길을 보냈다.

메르카토르 부부는 자신들의 신앙을 드러내지 않은 채 각자 자신의 일과 아이들을 키우는 데 전념하였다. 1540년, 최근에 이루어진 지리상의 발견들로 새로운 정보가 넘쳐나는 통에 1536년에 제작된 게마의 지구의는 다시 만들어져야 할 형편이었다. 메르카토르는 구매자들의 관심을 끌기 위해 자신이 새로 제작한 지도에는 지팡그리(오늘날의 일본), 아프리카 대륙의 저지대 일대, 아메리카 대륙 내륙에 대한 최신 정보들이 담겨져 있다고 선전하였다.

1541년, 카를 5세는 메르카토르가 제작한 지구의에 대단히 만족해서 그에게 각종 측량 기구의 제작을 의뢰하였다. 그러나 황제의 후원에도 불구하고, 황제의 여동생인 마리아 여왕의 대리인들은 메르카토르에 대한 조사를 중단하지 않았다. 1544년 2월, 바버라는 남편이 신앙상의 문제로 곧 체포될 것이라는 소문을 듣고 남편에게 은밀히 도시를 빠져나가라고 권유하였다. 그러던 어느 날, 드디어 존 틴들을 처형한 가톨릭교회 측 조사관들이 집으로 들이닥쳤다.

바버라는 남편은 집안일로 친척을 방문하기 위해 멀리 떠나고 없다고 둘러댔다. 그러나 조사관들은 메르카토르를 뒤쫓았고, 결국 뤼펠몬데 거리에서 그를 체포하였다. 메르카토르에게는 이단죄 외에 체포 거부라는 죄목까지 덧씌워졌다. 마음대로 루뱅을 벗어났다는 것이 이유였다. 메르카토르는 음울한 기운이 감도는 뤼펠몬데 성의 차가운 지하 감옥에 던져졌다.

메르카토르는 북극을 직접 가 보았다고 주장하는 한 수도사의 증언을 토대로 위와 같은 북극 지도를 그렸다. 그 수도사는 지구의 꼭대기(북극)는 거대한 욕조의 배수구 같은 모양이라고 설명하였다. 메르카토르는 그 수도사의 말을 근거로 "마치 깔때기에 물을 따를 때처럼 물이 소용돌이치며 거대한 배수구를 통해 지구 속으로 빨려 들어간다."라고 기록하였다. 메르카토르는 그 배수구 한가운데에 거대한 자석 바위가 있을 것이라고 추측하였다.

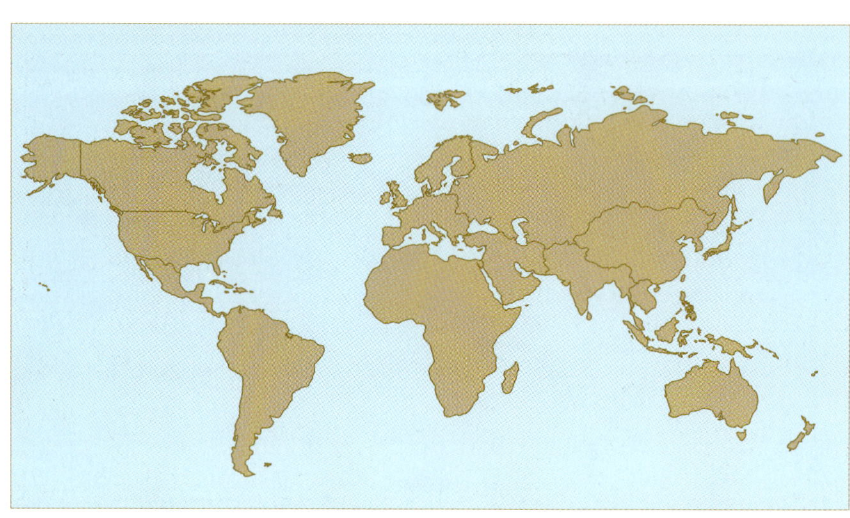

메르카토르 투영법으로 그린 세계 지도(위쪽)와 로빈슨 투영법으로 그린 세계 지도(아래쪽). 메르카토르 도법은 지도상에서 방위를 나타내는 경선과 위선은 직선으로 표시되는 반면에 적도를 중심으로 북쪽과 남쪽으로 갈수록 축척과 면적의 크기가 왜곡되는 단점이 있다. 북극에 있는 그린란드가 남아메리카 대륙만큼 크게 보이는 것이 그 예이다. 로빈슨 투영법으로 그려진 아래 지도는 각 대륙의 크기와 모양이 정확하다.

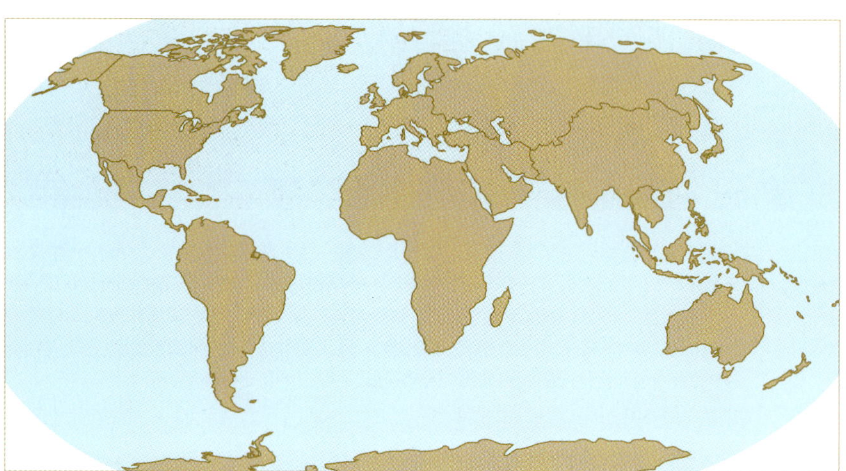

바버라는 그해 봄과 여름 내내 평소 친분이 있던 교회와 대학의 실력자들을 찾아다니며 남편의 목숨을 구해 달라는 탄원서를 보내 달라고 간청하였다. 여러 사람들이 신변의 위험을 감수해 가면서 여왕에게 탄원서를 썼다. 그동안 루뱅과 뤼펠몬데 지역에서만 마흔 명이 넘는 사람들이 이단 혐의로 체포되어 고문 당하고, 처형되었다는 소식은 바버라를 두려움에 빠뜨렸다. 다행히 메르카토르는 일곱 달 만에 뤼펠몬데 성에서 풀려나와 가족들의 품으로 되돌아왔다.

그러나 한번 어떤 혐의를 받은 적이 있는 사람은 평생 그것으로부터 자유롭기 힘든 법이다. 1552년, 결국 루뱅을 떠나기로 결심한 메르카토

메르카토르 투영법

메르카토르는 선원들이 나침반에만 의존해 먼 바다를 항해하는 것은 문제가 있다는 점을 잘 알고 있었다. 만일 우리가 둥근 지구의의 표면에 나침반을 놓고, 바늘이 가리키는 방향을 따라 곧게 앞으로 나아간다면 나선형을 그리며 진행하다가 결국에는 북극이나 남극으로 향하고 말 것이다. 따라서 먼 거리를 항해할 때는 나침반이 가리키는 방향을 계속 수정해 나가야만 한다. 어떻게 하면 이 곡선들을 지도상에서 직선으로 변환할 수 있을까?

메르카토르가 획기적인 방법을 고안해 냈다. 그것은 지구의에서 양 극점으로 갈수록 점점 좁아지는 경선들의 간격을 조정해 평면 지도에서 서로 평행이 되게 만드는 방법이었다. 이렇게 하면 축척이나 면적이 실제와 달라지는 문제가 있지만 일정한 형태와 방향을 유지할 수 있어 항해를 할 때 큰 도움이 된다.

르는 가족을 데리고 여왕의 영토를 벗어나 동쪽으로 향하였다. 메르카토르 가족은 율리히와 클레베 공작의 보호 아래 있는 뒤스부르크에서 새로운 삶을 시작하였다. 황제는 메르카토르에게 환영의 말과 함께 새로운 소형 지구의 두 개를 제작해 달라고 주문하였다. 하지만 이제 메르카토르의 온 관심은 둥근 지구의 표면을 보다 정확하게 평면으로 전환하는 문제에 쏠려 있었다.

1554년, 메르카토르는 경도와 위도를 최대한 정확히 측정해 격자 모양으로 표시한 거대한 유럽 지도를 제작했다. 이 지도에는 지중해의 크기가 종래보다 훨씬 축소되어서 실제에 근접하게 그려졌다. 그때까지 지중해야말로 이 세상에서 가장 크고 중요한 바다라고 생각했던 당시 유럽인들은 이 지도 때문에 자신들의 기존 개념을 수정해야만 하는 당혹감에 빠졌을 것이다.

한번 감옥에 갇혔던 메르카토르는 자신이 그린 지도 때문에 가족들이 또다시 위험에 빠지지 않도록 조심하였다. 1550년대 이후에 메르카토르가 제작한 지도들은 전 세계 가톨릭교회의 중심인 로마의 바티칸을 지도상에 두드러지게 표시함으로써 가톨릭의 권위를 인정하는 입장을 보였다. 그리고 아무리 작은 도시일지라도 가톨릭 추기경이 주재하는 곳이면, 다른 큰 도시보다도 더 중요한 지역인 것처럼 표시하였다. 이런 식으로 제작된 지도들은 당시 가톨릭교회의 권력이 정치권력보다 우세하다는 의미를 담고 있다.

그러나 또다시 투옥될 것이 두렵다고 해서 과학을 완전히 포기할 수는 없었다. 1569년, 메르카토르는 자신의 이름을 붙인 투영법을 사용해 세계

왼쪽이 메르카토르, 오른쪽이 네덜란드의 지도 제작자 혼디우스이다. 혼디우스는 메르카토르를 지도 제작 분야의 거장으로 기렸다. 혼디우스는 1606년에 제작한 세계 지도에서 조선을 섬으로 그리고 '코리아'라고 표기했다.

지도를 제작하였다. 메카르토르 투영법은 공 모양의 지구 표면이 원통형
이 되도록 위아래를 넓게 늘려서 지도상의 경선들이 서로 평행을 이루게
그리는 기법이다. 이렇게 조정된 경선들은 위선들과 직각으로 교차해 모
눈종이 모양을 이룬다.

　메르카토르는 메르카토르 투영법만으로도 지도 제작계의 거장으로
평가받기에 충분하다. 그러나 그의 위대성은 여기서 그치지 않는다. 메르
카토르는 칠십 대에 접어들면서부터 죽을 때까지 자신의 아들들과 함께
지도책을 만들었다. 그리고 이 지도책에 『아틀라스』라는 이름을 붙였다.
제우스 신에게 대항한 대가로 두 어깨로 하늘을 떠받치고 있으라는 형벌
을 받게 된 그리스 신화의 거인 아틀라스에서 이름을 딴 것이었다. 메르
카토르가 여든 둘의 나이로 세상을 뜨고 두 해가 지난 뒤에 최초의 『아틀
라스』가 세상에 모습을 드러냈다. 메르카토르가 생전에 교류했던 상인,
지도 수집가들은 물론 그의 경쟁자들까지도 이 지도책에 사랑과 존경이
담긴 찬사를 보냈다. 여기에 덧붙여 메르카토르의 위대성을 기려야 할 이
유가 한 가지 더 있다. 바로 20세기 중반까지만 해도 대부분의 항해자들
은 메르카토르 투영법에 의존해 항해해 왔고, 오늘날에도 더러는 그렇게
하고 있기 때문이다.

대를 이어 지도를 만든 카시니 일가

1682년, 장 피카르와 장 도미니크 카시니가 이끄는 일단의 과학자들이 프랑스 국왕 루이 14세를 접견하기 위해 파리의 왕립 천문대에 모여 있다. 큰 깃털이 달린 모자에 어깨를 덮는 긴 가발로 모양을 낸 화려한 겉모습과는 달리, 이 자리에 모여 있는 과학자들은 중요한 시험을 앞둔 학생처럼 바짝 긴장하고 있다. 잠시 후면 그들이 12년 넘게 작업한 지도가 루이 14세 앞에 공개될 예정이다. 이 지도로 말할 것 같으면, 프랑스 역사상 최초로 정확하게 측정된 경도를 바탕으로 삼각 측량법에 따라 프랑스 전역을 측량한 후 천체 관측을 통해 재확인하는 절차를 거쳐 제작된 것이다.

　태양왕으로 불리는 루이 14세는 형식과 의례를 지나치리만치 중시하였으므로 궁정 신하들은 쟁반에 올려진 왕의 음식에 대고도 허리를 굽혀 예의를 표해야 할 정도다. 루이 14세의 권력은 그만큼 절대적이다. 그런데 이곳에 모인 과학자들은 자신들이 만든 지도가 왕의 존엄과 절대 권력에 흠집을 내게 되리라는 사실을 진작부터 알고 있다.

드디어 관측소의 문이 열리고 루이 14세가 모습을 드러낸다. 그와 동시에 과학자들은 한 손으로 모자를 벗어 들고 깃털 장식이 바닥을 훑을 정도로 최대한 몸을 굽혀 왕에게 경의를 표한다. 루이 14세가 이전의 지도 옆에 나란히 놓인 새 지도를 향해 천천히 탁자로 다가간다. 유난히 콧날이 긴 왕의 얼굴이 일순간에 찌푸려지며 언짢음이 드러난다. 그 동안 프랑스인들이 막연히 생각해 오던 것과는 달리, 과학자들이 새로 만든 지도에는 존엄한 왕의 영토인 프랑스가 대서양이나 지중해에 이르도록 널리 뻗쳐 있지 않은 때문이다. 오히려 프랑스 영토는 줄어든 것처럼 보인다.

태양왕은 당장에라도 "저들의 목을 쳐라!"라고 소리치고 싶었을 것이다. 하지만 도로나 운하를 건설해서 무역을 촉진하고, 그렇게 해서 부유해진 국민으로부터 더 많은 세금을 거두어들이기 위해서는 무엇보다도 정확한 지도가 필요하다는 것을 잘 아는 왕은 끓어오르는 분노를 가까스로 억누른다. 그러고는 "그대들의 측량 덕분에 짐은 전쟁에서보다 더 넓은 영토를 잃게 됐노라."라는 말로 불편한 심기를 드러낸다. 왕은 지도를 만드는 과학자들에게 하던 일을 계속 진행하라고 명한다.

그 자리에 서 있는 장 도미니크 카시니는 당연히 자신의 일을 계속해 나갈 것이다. 뿐만 아니라 지도를 만드는 일은 그의 아들, 손자 그리고 그 다음 세대까지 이어지면서, 카시니 일가를 세상에서 가장 뛰어난 지도 제작 가문 중 하나로 자리매김해 줄 것이다.

지오반니 도메니코 카시니가 고향 이탈리아를 떠나서 처음 프랑스에

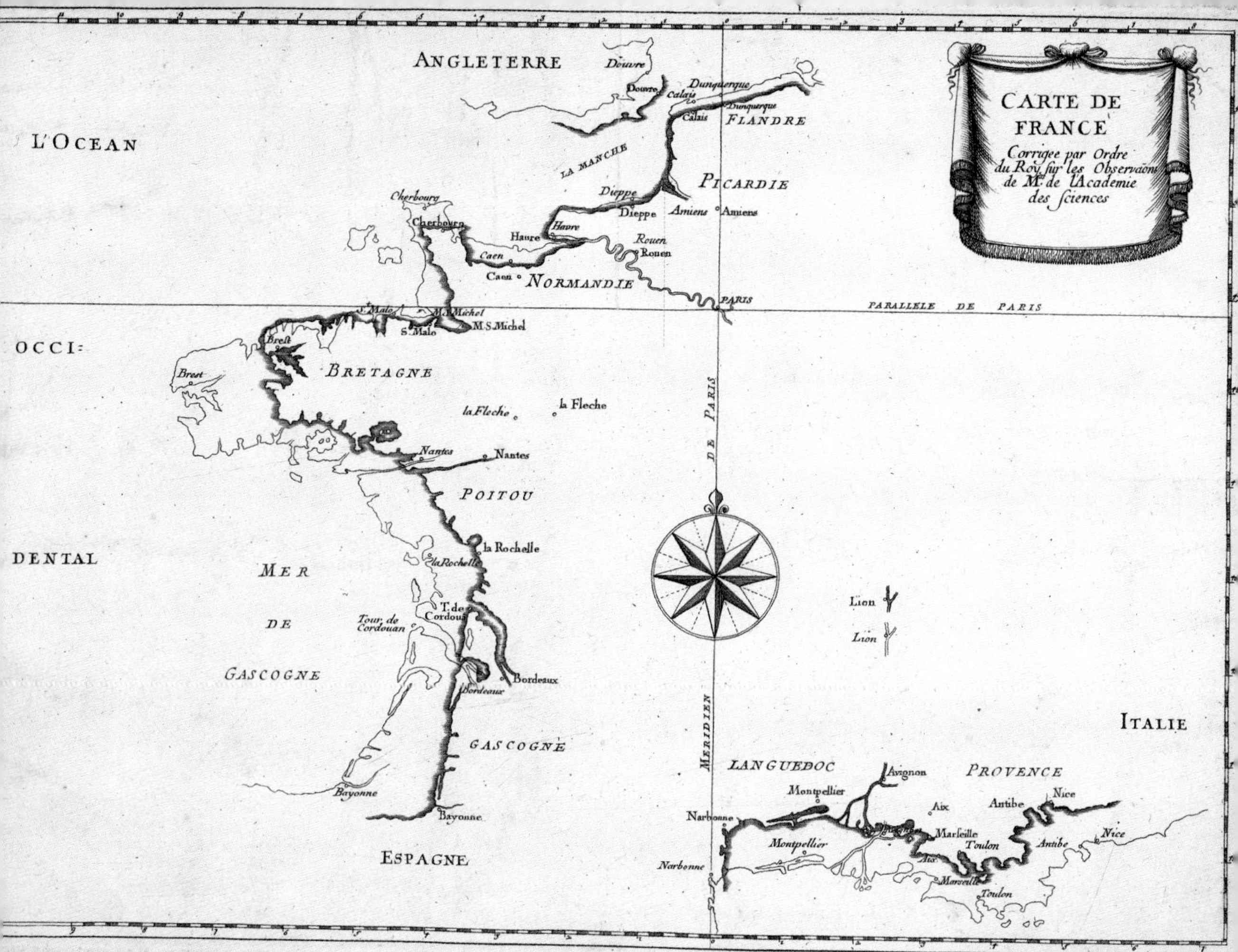

1682년 가브리엘 드 라 히레가 그린 프랑스 지도. 성직자 장 피카르와 장 도미니크 카시니가 이끄는 과학자들이 정확하게 수정한 수치에 따라 그렸다. 당시 프랑스 사람들은 이 지도에 나타난 프랑스의 실제 크기가 자신들의 생각보다 훨씬 작다는 사실을 확인하고 충격을 받았다.

발을 들여놓은 때는 1668년이었다. 카시니는 이탈리아에서 교황의 후원을 받으며 천문학자로 활동하였다. 당시 유럽은, 적어도 지도를 만드는 사람의 눈에는 과학적인 체계가 서 있지 않은 혼란 그 자체였다. 프랑스에서는 지역마다 서로 다른 도량형을 기준으로 물건을 사고팔았다. 예를 들면, 파리만 해도 한 마에 해당되는 면직물의 길이와 아마포의 길이가 서로 달랐다. 그만큼 혼란스러웠던 것이다. 당연히 프랑스 영토의 대부분은 지도로 그려진 적이 없었다. 농민들은 측량을 하면 자신들의 토지가 더 넓게 기록되어 더 많은 세금을 내야 할 것이라고 의심하였기 때문에 곳곳에서 측량 기사들을 공격하기도 했다.

카시니는 이탈리아의 볼로냐대학교에서 곤충에서부터 수혈법에 이르기까지 다방면에 걸친 연구를 했는데 1668년 목성의 위성들에 관한 연구서를 저술해 일약 유명해졌다. 천문학에 대한 전문성이야말로 카시니가 지도를 제작하는 데 꼭 필요한 것이었다. 유럽 전역의 명망 있는 과학자들을 궁정으로 초청하던 루이 14세는 교황청의 천문학자를 프랑스로 보내 달라고 요청했다. 파리에 도착한 지오반니 도메니코 카시니는 장 피카르나 위대한 네덜란드 과학자 크리스티안 호이겐스 같은 이들과 함께 연구하게 된다는 사실이 믿기지 않을 만큼 기뻤다. 그래서 곧바로 프랑스 시민권을 획득하고 이름도 장 도미니크로 바꾸었다.

1669년, 태양왕 루이 14세는 과학자들에게 파리 천문대 한가운데에 박힌 황동 선으로부터 출발해 프랑스의 동쪽, 서쪽 경계를 분명히 하고 프랑스 지도의 부정확한 점을 바로잡으라는 명을 내렸다. 피카르의 지휘 아래 작업이 시작되었다. 파리 근처의 말부아진에 있는 탑과 아미앵 근처 수르돈의 시계탑 사이를 남북으로 잇는 선을 측량하기 위해 측량 기사들이 출발하였다. 그들은 새로 측량한 수치들을 파리로 보냈다.

루이 14세가 첫 번째 수정판 프랑스 지도를 확인한 지 얼마 지나지 않아 피카르가 죽었다. 그 뒤를 이어 책임을 맡게 된 카시니는 첫 번째 측량

천체를 이용한 지도 그리기

옛날부터 항해자나 지도를 만드는 사람들은 천체를 관찰해서 자신의 위치를 확인해 왔다. 태양은 일 년에 두 번 적도 위를 곧바로 비춘다. 북반구에서 일 년 중 낮이 가장 긴 날은 태양이 북회귀선 바로 위를 비추는 때인데 이때 땅 위에 막대기를 꽂아 놓으면 그림자가 생기지 않는다. 반대로 북반구에서 일 년 중 낮이 가장 짧은 날은 태양이 남회귀선 바로 위를 비추는 때이다. 하늘의 별들도 계절에 따라 위치가 바뀐다. 사람들은 태양이나 밤하늘에 빛나는 별자리의 위치를 관찰해 자신이 위치한 위도를 알아냈다.

천문학은 측량하는 사람들에게도 중요한 분야이다. 카시니 일가는 프랑스 영토를 측량할 때 사분의(원의 4분의 1 크기의 부채꼴 모양에 각도 눈금이 있는 측량 관측 장치)와 육분의(원의 6분의 1 크기의 부채꼴 모양)라는 천문학 기구를 이용해 수평선과 별 사이 또는 다른 천체들과의 각도를 측량하였다. 18세기 말에는 수평, 수직 방향의 각을 동시에 잴 수 있는 경위의라는 기구를 만들어 사용하였다.

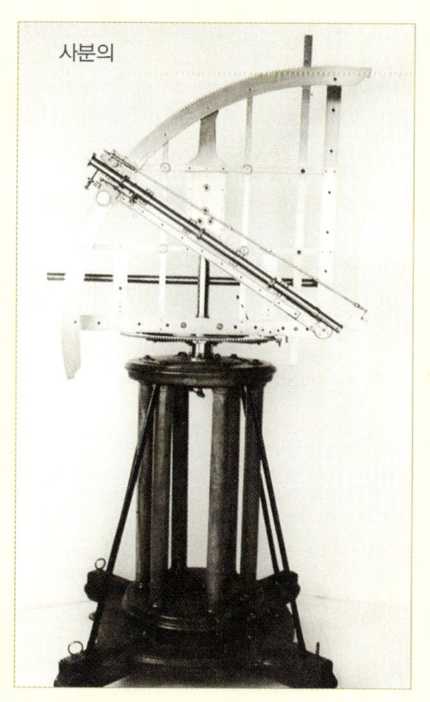

사분의

에 문제가 있음을 간파하였다. 피카르가 프랑스 북부에서 측정한 위선이 자신이 남쪽에서 측정한 것보다 짧았던 것이다.

당시 대부분의 사람들은 지구가 완전한 공 모양이라고 생각하였다. 카시니는 지구는 완전한 구체가 아니라 계란을 세워 놓은 것 같은 모양이라는 의견을 제시하였다. 이와는 반대로, 영국의 아이작 뉴턴을 비롯한 다른 과학자들은 지구는 자전을 하기 때문에 가운데가 좀 불룩하고 위아래가 약간 평평한 공 모양이라고 주장하였다. 나이가 들면서 주위로부터 점점 더 많은 존경을 받게 된 카시니는 계란형 이론을 더욱 강하게 주장하였다. 자신의 첫 번째 관찰이 정확하다는 것인데, 이는 자신의 명성을 지키기 위한 고집이자 언젠가는 아들 자크 카시니(카시니 2세)에게 물려줄 가업에 대한 옹호라고도 할 수 있었다. 지구의 모양을 둘러싼 논쟁은 프랑스와 영국 간의 문제로 비화되었다.

카시니 부자는 파리를 중심으로 해서 서쪽으로는 영국 해협에 있는 됭케르크까지, 그리고 남쪽으로는 스페인 국경까지 측량하기로 결정하였다. 1712년, 장 도미니크 카시니가 여든일곱의 나이로 죽자 그의 아들 카시니 2세가 가업을 이었다. 카시니 2세 역시 지구는 계란 모양이며 북쪽으로 갈수록 위선이 짧아진다는 주장을 되풀이하였다. 1700년대 중반에 이르자 프랑스 사람들조차 카시니 집안의 주장에 의문을 품기 시작하였다. 젊은 수학자 피에르 루이 모로 드 모페르튀가 정식으로 문제를 제기하고 나섰다. 모페르튀는 왕실의 후원을 받는 한 지도 제작자의 고집 때문에 프랑스 과학이 뒷걸음질치고 있다며 카시니 집안을 강하게 비판하였다.

이러한 논쟁을 해결하기 위해서는 반드시 측량을 다시 해서 지도를 새로 만들어야 한다는 의견이 제기되었고, 모두 이에 동의하였다. 1735년, 프랑스의 새로운 왕 루이 15세는 지구의 모양을 둘러싼 논쟁을 결론짓기 위해 두 곳으로 조사단을 파견하고, 필요한 경비를 후원해 주기로 약속하였다. 샤를르 마리 드 라 콩다민이 지휘하는 조사단이 적도의 위도 길이를 측정하기 위해 페루로 떠났다. 모페르튀가 이끄는 조사단은 핀란드의 북극권으로 향하였다.

15개월 후 모페르튀 조사단은 뼛속까지 얼어붙는 살인적인 추위, 한여름 모기떼로 인한 전염병과의 사투 등 온갖 체험담을 안고 핀란드로부터 귀환하였다. 그들이 측량한 바에 의하면 북극권에서의 위선의 길이는 프랑스 중부 지방에서 측정한 것보다 더 길었다. (오늘날에는 약 0.5km가량 더 긴 것으로 판명되었다.) 모페르튀는 카시니 일가의 주장이 잘못됐다고 결론지었다.

그러자 카시니 2세는 모페르튀가 영국제 측량 기구로 작업하였다는

카시니 일가가 대를 이어 지도를 만들어 오던 프랑스의 오늘날 지도.

1547년에 제작된 발라드 지도. 자크 카르티에가 프랑수아 1세의 명으로 대서양 항로를 탐험하고 신대륙에 상륙하는 장면이 묘사되어 있다. 이 지도는 아름답기는 하지만 카시니 이전에 프랑스에서 만들어진 지도들이 얼마나 부정확했는지를 잘 보여 준다. 이 지도를 보면 남쪽이 지도의 위쪽에 그려졌는가 하면, 세인트로렌스 강은 오대호조차 표시되지 않은 황무지로 흘러들어 가고 있다.

점을 지적하고 나섰다. 모페르튀 조사단이 영국제 기구를 사용했기 때문에 영국 측 주장 쪽으로 기울었다는 것이었다. 카시니 2세는 공개석상에서는 누가 보아도 객관적이고 공평한 과학자처럼 보였다. 그러나 모페르튀는 카시니 2세가 사석에서 핀란드 조사단의 측량에 대해 사사건건 트집을 잡아 왔으며, 앞으로도 계속 그럴 것이라고 강하게 비난하였다. 그리고 카시니 일가가 과학자로서의 자질이 있는지 의문을 제기하는 소책자를 익명으로 발간해 카시니 2세를 공격하였다.

콩다민을 단장으로 페루로 떠났던 조사단은 구 년 만에 구사일생으로 돌아왔다. 그런데 그들은 험한 안데스 산맥을 기어오르고 아마존 밀림에서 열병에 시달리다 감정의 골이 너무 깊어져 대원들끼리 서로 말도 수고받지 않을 정도로 관계가 악화된 상태였다. 그들이 측정한 결과 역시, 지구는 가운데가 약간 불룩한 구체라는 사실을 확인시켜 주었다. 당시 프랑스의 위대한 학자인 볼테르는 이를 두고 "조사단은 지구의 북극과 남극, 그리고 카시니 일가를 동시에 납작하게 만들었다."라며 조롱하였다.

이때는 이미 세자르 프랑수아 카시니(카시니 3세)가 자크 카시니의 뒤를 이은 때였다. 1743년, 카시니 3세는 뉴턴과 모페르튀의 주장이 옳았다는 점을 깨끗이 인정한 뒤 논쟁을 마무리 짓고 화해하였다. 어쨌든 더 중요한 일들이 눈앞에 산적해 있었다. 당시 카시니 가문의 주도 아래 프랑스 전역 400군데에서 삼각 측량이 시행되고 있었던 것이다. 그때까지는 세계 어느 나라에서도 이와 같은 대규모 측량을 실시한 적이 없었다.

대부분의 프랑스 사람들은 측량 사업에 반대했고, 농부들이 측량 장비를 훔치는 사례가 곳곳에서 발생하였다. 1760년대에는 한 산간 마을의 주민들이 한창 작업 중인 측량사를 사다리 아래로 끌어내려 낫 같은 농기구로 폭행하는 사건이 발생하였다. 간신히 마을 사람들의 손에서 벗어난 측량사는 온몸이 피범벅이 돼 있었다. 나중에 그 지역 담당 조사관 앞으로 불려온 마을 사람들은, 자신들이 폭행한 측량사에 대해 "우리를 해치려고…… 그리고 더 많은 세금을 물리려고 마을에 들어온 마법사……."라고 진술하였다.

왕이 지도 제작에 흥미를 잃어 가고 있다는 사실은 지도를 만드는 사람들이 우려할 만한 일이었다. 실제로 왕의 관심이 줄어들면서 1756년에는 지도 제작을 지원하는 왕립 기금이 삭감되었다. 카시니 3세는 개인 투자자들을 찾아 나서는 한편, 지도 만드는 일을 수익 사업으로 전환해 일반인들에게 지도를 판매하였다. 또 영국 측 지도 전문가들을 초청해 영국 해협 부근의 경선과 위선을 측정하는 문제를 놓고 프랑스 전문가들과 겨루게 하였다. 바야흐로 지도를 만드는 작업이 국경을 넘어 국제적으로 시행되기에 이른 것이다.

지구의 모양에 대한 해묵은 논쟁에 마침표를 찍은 카시니 3세가 1784년에 천연두로 죽자 그의 아들 카시니 4세(그의 증조부 이름과 똑같은 도미니크 카시니)가 파리 천문대 책임자가 되었다. 카시니 4세는 장차 새로운 미터법의 기본 단위가 될 1m의 길이를 정하는 책임을 맡았다.

그 무렵 1 : 86,400의 축척으로 그려진 카시니 지도책이 완성되었다. 무려 184장에 이르는 이 지도책에 실린 지도들은 조그만 교회의 뾰족탑이나 풍차까지 알아볼 수 있을 정도로 세밀하게 그려졌다. 그리고 1793년에는 일반인들을 겨냥한 파리 지도를 만들었는데 그 지도 역시 큰 인기를

미터법

1789년 대혁명이 일어나기 전까지 프랑스에는 도량형이 통일되지 않아 혼란이 극심했으므로 과학자들과 상인들 사이에 개혁을 요구하는 목소리가 높았다. 혁명에 성공한 국민 의회는 프랑스 과학 아카데미에 '영원히 변하지 않는 표준'을 만들도록 위임하였다. 그것은 불변하는 자연의 어떤 요소를 기준으로 삼아 십진법으로 표시할 수 있어야 했다.

그리스 말로 '측정'을 뜻하는 말인 '미터'로 불리게 될 새로운 도량형의 기준을 어떻게 정해야 할까? 아카데미 측은 북극에서 적도까지의 거리의 천만 분의 일의 길이를 기준 단위로 삼기로 결정하였다. 1791년, 카시니 4세의 지휘 아래 두 과학자가 투입되어 북극에서 적도까지의 길이를 측정하기 위한 삼각 측량이 시작되었다. 측량을 맡은 장 들랑브르와 피에르 메솅은 칠 년 동안 이 일에 매달렸다. 그러는 사이 드디어 왕정이 무너지고, 총 책임자인 카시니 4세가 투옥되었다. 장과 피에르 역시 작업을 중단하라는 협박을 받고 감옥에 갇히는 등 우여곡절을 겪어야 했다.

1799년, 드디어 미터라는 길이의 단위가 확정되었고, 그 기념으로 백금으로 된 1m짜리 원기가 만들어져 지금까지 보관되고 있다. 20세기에 들어서, 인공위성으로 북극에서 적도까지의 길이를 확인한 결과, 1799년에 정해진 미터의 길이가 실제보다 0.2mm 짧았다는 사실이 밝혀졌다. 오늘날에는 진공 상태에서 299,792,458분의 1초 동안 빛이 움직인 거리를 기준으로 미터가 다시 정해졌다. 현재 미터법을 도입한 나라는 전 세계의 95퍼센트에 이르지만 미국과 라이베리아 등은 아직까지 기존의 도량형을 고수하고 있다.

끌었다.

그러나 당시 프랑스는 1789년에 시작된 프랑스 대혁명의 불꽃이 한층 열기를 더해 가면서 극도의 혼란에 빠졌다. 국왕 루이 16세는 이미 단두대에서 처형되었고, 평소 카시니 집안과 친분이 있던 왕실의 몇몇 과학자들도 단두대로 끌려갔다. 성난 군중들은 카시니 4세가 머물던 파리 천문대에 들이닥쳐 그곳을 샅샅이 수색하고 그의 가족을 위협하였다. 카시니 4세는 혁명 세력들을 돈키호테나 몽상가 정도로 여겼다. 당시 비참한 삶에 무거운 세금까지 짊어져야 했던 프랑스의 하층민들이 왕과 왕실의 비호를 받으며 지도를 만드는 사람들을 얼마나 증오하는지 전혀 눈치 채지 못했던 것이다.

카시니 4세 밑에서 일하던 몇몇 젊은 연구자들은 그러한 상황을 잘 알고 있었다. 그중 하나인 알렉상드르 뤼엘은 천문대의 경비와 간단한 천체 관측 업무를 맡기기 위해 카시니 4세가 고용한 사람이었다. 천체 관측은 끝없는 인내심이 필요한 일인데, 뤼엘은 그런 일에 적합한 인물이 아니었다. 아마도 카시니 4세는 맡겨진 일을 제대로 해내지 못하는 이 젊은이를 닦달했을 것이다. 대를 이어 지도를 제작해 온 집안의 후손으로서 카시니는 자신은 물론 다른 사람들에게도 완벽함과 철저함을 요구했기 때문이다. 뤼엘은 그런 카시니 4세를 증오하였다. 어느 날 밤, 동료 경호원 하나가 술에 취해 고함치는 소리가 들렸다.

"썩어 빠진 귀족 나부랭이 카시니는 당장 죽어야 해!"

이 말을 들은 순간 뤼엘은 귀가 번쩍 뜨였다.

루이 16세가 처형된 후 혁명 재판소가 프랑스를 통제하던 때였다. 뤼

지오반니 도메니코 카시니의 모습이 새겨진 1712년 판화. 4대에 걸쳐 프랑스에서 지도를 만들어 온 유명한 카시니 가문의 창시자로서 카시니 1세라고도 불린다. 배경에 보이는 천체 망원경은 지오반니 카시니가 뛰어난 지도 제작자일 뿐 아니라 토성의 위성 네 개를 발견한 위대한 천문학자였음을 나타낸다.

엘은 혁명 재판소로 달려가 카시니 4세는 전형적인 구시대 귀족이며, 다른 연구자들을 혹사하고, 그들이 애써 연구한 결과를 가로채기 일쑤라는 내용으로 그를 고발하였다. 혁명 재판소는 뤼엘의 고발을 진지하게 검토하였다. 이 사건을 통해 그동안 죽은 왕과 밀접한 관련을 맺어 온 카시니 집안을 처단하기로 결정한 것이다. 혁명 재판소는 먼저 카시니를 천문대 책임자 자리에서 해고하였다. 그리고 카시니 가문이 4대에 걸쳐 백 년 이상 심혈을 기울여 작업해 온 프랑스 지도들을 모두 압수하였다. 이에 항의한 카시니 4세는 당연히 감옥에 갇히는 신세가 되었다.

그러나 뤼엘은 여기에 만족하지 않고 카시니의 목까지 원했다. 뤼엘은 하루속히 카시니 4세를 재판에 넘겨 단두대로 보내라며 혁명 재판소 위원들을 졸랐다. 일이 커지자 천문대에서 일하던 다른 사람들이 카시니를 변호하기 위해 들고 일어났다. 그들은 뤼엘이 형편없는 과학자였으며 태양을 관측하면서 큰 오류를 범했고, 거짓으로 카시니를 음해한 것이라는 사실을 밝혔다. 이제는 뤼엘이 대신 감옥에 갇히고 말았다.

카시니 4세는 운이 좋은 셈이었다. 감옥 안에 갇혀 있던 일곱 달 동안, 그는 단두대로 향하는 나무 계단을 걸어 올라가 시퍼런 칼날 아래 자신의 목을 늘어뜨리는 상상을 하며 공포 속에서 하루하루를 보내야 했다. 그런 그가 뜻밖에도 자유의 몸이 된 것이다. 그러나 카시니는 이 일로 깊은 회의에 빠져 결국은 파리를 떠나 지방으로 이주하였다. 그리고 친구에게 편지를 보내 더 이상 지도를 만들고 별자리를 관측하는 일에 아무런 의미를 찾을 수 없다는 심경을 밝혔다. 수많은 당대의 위대한 과학자들이 폭도들에게 살해당했지만 그것보다 '과학자들이 칼자루를 쥐고 서로를 겨누는 현실'이 자신을 더욱 암울하게 만든다는 고백이었다.

참으로 감당하기 어려운 시련이었다. 카시니 4세는 이제 위대한 지도 제작자 가문의 시대는 막을 내려야 한다고 아들을 설득하였다. 결국 카시니 4세의 아들은 식물학자가 되었고, 카시니 5세라는 이름은 세상에 존재하지 않게 되었다.

지구의 3분의 1을 그린 제임스 쿡

하와이 케알라케콰 만에 닻을 내린 대영 제국의 레졸루션호와 디스커버리호의 선원들이 잔뜩 겁에 질린 채 바구니 속을 들여다 보고 있다. 선원들은 바구니 속에 담긴 잘려진 손을 보는 순간 그것이 누구의 손인지 한눈에 알아차린다.

오랫동안의 항해 생활을 알려 주듯 못이 박이고 검게 그을린 커다란 손. 오른손 엄지 부근에 있는 시퍼런 흉터도 그대로이다. 한때 선원들에게 채찍을 휘두르고, 정교한 과학 기구들을 섬세하게 다루기도 하던 바로 그 손이다. 또한 그것은 불어오는 바람에 맞서 한쪽으로 몸을 기울인 배처럼 오른쪽으로 약간 기울어진 멋진 필체로 확신에 차 항해 일지를 기록한 손이며, 세계에서 가장 정확한 지도들을 그린 손이기도 하다. 영국의 선원들이라면 언제, 어디서든 그것이 누구의 손인지 한눈에 알아볼 것이다. 그것은 전설적인 영웅 제임스 쿡 선장의 몸에서 잘려 나간 손이기 때문이다.

제임스 쿡은 1728년 10월 27일 영국 북부 스코틀랜드의 가난한 농부의 집안에서 태어났다. 소년은 키가 크고 총명하였으며 자석처럼 다른 사람의 마음을 끌어당기는 힘이 있어서 주변 사람들은 언제나 기꺼이 그를 도와주었다.

"사람이 갈 수 있는 곳이라면 세상 끝까지라도 가 보고 싶다."라고 일기에 썼듯이 제임스 쿡은 끊임없이 모험을 꿈꾸었다.

그래서 쿡은 바다로 가기로 결심했다. 쿡의 첫 항해는 휘트비 시에서 출항하는 상선과 함께 시작되었다. 일명 '휘트비 캣'이라고 불리는 바닥이 평평한 배에 석탄을 가득 싣고 영국 해안을 따라 수송하는 일이었다. 쿡은 그곳에서 상선의 선장이 될 수도 있었지만 그 기회를 마다하고 영국 해군에 들어가 일개 수병으로 처음부터 다시 시작하기로 결정하였다.

1758년, 야심에 찬 이 젊은이는 프랑스와의 전쟁에 참전하기 위해 배를 타고 캐나다로 향하게 되었다. 쿡이 처음으로 경험한 이 대서양 횡단 중에 26명의 선원이 치명적인 비타민 결핍증인 괴혈병으로 죽었다. 살아남은 사람들은 퀘벡 시를 공격하기 위해 핼리팩스에서 겨울을 보냈다. 대부분의 선원들이 술을 마시고 서로 싸우며 시간을 보냈지만 쿡은 측량사인 새뮤얼 홀랜드로부터 지도 만드는 법을 배웠다.

프랑스 측은 영국군이 세인트로렌스 강을 거슬러 올라와 공격하는 것을 막기 위해 수심이 얕거나 물살이 거친 지점에 띄웠던 부표와 표시물들을 모두 거두어들였다. 홀랜드와 쿡은 겨우내 세인트로렌스 강을 측량하였다. 그들은 소리의 반사를 측정해 강물의 깊이를 재고, 그 밖의 세부적인 사항들도 일일이 기록했다. "바닥이 부드러운 진흙이어서 닻을 내려

정박하기 적당하다."와 같은 내용이었다. 1759년 봄, 두 사람이 만든 도표 덕분에 영국 함대는 단 한 척의 배도 좌초하지 않고 무사히 강을 거슬러 올라갈 수 있었다.

월프 장군이 이끄는 영국군이 퀘벡 시 외곽 에이브러햄 평원에서 프랑스군을 격파하였다. 쿡은 런던으로 귀환하였다. 이때 그의 나이 이미 서른셋, 직업은 없었다. 하지만 런던의 한 상점에서 일하는 아름다운 여인 엘리자베스 배츠에게 청혼한 것을 보면 그는 자신감에 차 있었음이 분명하다. 1762년 12월 말에 결혼한 쿡은 일주일 만에 새로운 출항 명령을 받기 위해 영국 해군성으로 향하였다.

이미 캐나다 전투에서 쿡의 가능성을 알아본 상관들이 그의 능력과

1779년 2월 14일, 아름다운 이곳 하와이 케알라케콰 만에서 제임스 쿡 선장이 살해되었다. 이곳에는 태평양 일대를 빈틈없이 조사해 지도를 만든 쿡 선장의 업적을 기리는 기념비가 세워져 있다.

재능을 인정하는 편지를 보내 준 덕에 모든 일이 순조롭게 풀렸다. 해군성은 쿡을 측량 책임자로 임명하며 아직 미개척지로 남아 있는 캐나다 동부의 뉴펀들랜드 해안을 조사해 지도를 완성하라는 임무를 맡겼다. 장장 9,600km에 달하는 긴 거리였다.

당시에는 보통 '러닝 트래버스'라는 방법으로 해안을 측량하였다. 이 방식은 이동 중인 배의 갑판 위에서 육지를 바라보며 바다를 향해 튀어나온 부분과 가장 높은 지점을 삼각 측량하는 것이다. 측량 책임자인 쿡은 기존의 러닝 트래버스 방식과 육지 측량을 병행하기로 결정하였다. 시간이 좀 더 걸리더라도 정확하게 측량하는 것이 중요하다고 생각했던 것이다. 그는 매일 해변까지 노를 저어 가 기본선을 측정한 뒤 그 끝 지점에 기를 꽂고 그곳과 제3 지점 사이의 각을 측정하였다. 이처럼 정확한 측량을 바탕으로 만들어진 쿡의 해안 지도는 이후 백 년 이상 사용되었다.

1764년 8월 6일, 제임스 쿡이 측량사로서의 경력을 끝낼 뻔한 사건이 일어났다. 쇠뿔로 만든 화약통이 폭발하는 바람에 쿡의 오른손 엄지손가락이 거의 떨어져 나간 것이다. 곧바로 실력 있는 외과의가 봉합 수술을 마쳤지만, 엄지손가락에서 팔목까지 이어지는 긴 흉터가 남게 되었다.

쿡은 삼 년 내내 뉴펀들랜드 지역을 측량하는 일에 전념하였다. 새롭게 완성한 아름다운 해안 지도를 본국으로 보낼 때마다 쿡의 평판은 날로 높아져 갔다. 영국 해군성은 또다시 쿡을 진급시켰다. 1768년, 마침내 쿡은 엔데버호의 총 책임자가 되었다. 태평양에 있는 타히티 섬으로 항해하여 태양을 가로질러 운행하는 금성을 관측하는 것이 그의 임무였다. 그 일을 마친 뒤에는 영국 해군성에서 지시하는 비밀 임무가 담겨진 봉투를 개봉할 것이다.

영국 정부가 이처럼 거액의 비용을 들여 탐사대를 파견한 이유는 무엇이었을까? 단지 행성 하나를 관측하는 것이 그들의 목적이었을까? 영국은 당시 지도학계를 주도하는 프랑스를 앞지르기 위해 과학적으로 중요한 발견을 선점하려고 공을 들여 왔다. 게다가 프랑스와 네덜란드, 스페인 등이 이미 태평양 섬들에 대한 영유권을 주장하고 나선 터라 영국 정부도 그 대열에 끼어 이익을 얻어야 한다는 판단도 있었다. 더불어 오래전부터 프톨레마이오스와 메르카토르 같은 지리학자들이 그 존재 가능성을 추측해 온 거대한 남극 대륙에 대한 비밀을 이번 기회에 풀어 보자는 것이 영국 정부의 계획이었다. 정부는 제임스 쿡이야말로 남극 대륙을 발견할 수 있는 인물이라고 확신하였다. 원정에 나선 쿡 선장은 자신의 심경을 다음과 같이 밝혔다.

"누구든 미개척의 해안을 발견하고도 그곳을 탐사하지 않고 그대로 방치한다면, 세상 사람들은 결코 그의 행위를 용납하지 않을 것이다."

영국 해군성은 쿡의 요청으로 휘트비 캣으로 항해하도록 허락하였다. 쿡은 엔데버호로 명명한 자신의 휘트비 캣이 새로운 출항에 대비해 제대로 보수되고 있는지 직접 점검하였다. 엔데버호에는 소금에 절인 양배추나 홍당무 잼 같은 독특한 짐들이 실렸다. 쿡은 긴 항해 중에 발생하는 괴혈병을 반드시 예방하겠다고 다짐하였다. 그는 전통적으로 선원들에게 제공해 오던 소금에 절인 소고기 대신, 장기간의 해상 생활에 꼭 필요한 영양소가 든 음식을 공급하면 선원들의 건강을 지킬 수 있을 거라고 생각했다. 그래서 항해 중에 제공되는 야채를 먹지 않는 사람은 누구든 채찍

태평양 섬들의 지도

유럽 인들은 드넓은 태평양 여기저기에 떨어져 있는 섬들을 탐험하기 시작할 때만 해도, 그곳에 사는 원주민들이 세상에서 가장 뛰어난 항해자라는 사실을 미처 깨닫지 못하였다. 원주민들은 덮개가 없는 뗏목에 가족과 가축들을 태우고, 세계에서 가장 너른 바다를 항해하며 살아왔다. 그들은 섬과 섬 사이를 오가면서 교역로를 열고, 다른 섬을 정복해 나갔다.

태평양 섬에 사는 원주민들 역시 지도를 만들었다. 오늘날에는 단지 몇 개만 전해지는데 그중 하나가 런던 그리니치 해양 박물관에 보관되어 있다. 19세기에 마셜 제도 원주민들이 만든 이 지도는 그린 것이 아니라 야자나무 줄기를 엮어 만든 것이다. 마셜 제도 원주민들은 야자나무 잎맥을 얼기설기 얽어 해류의 방향을 나타내고, 조개껍데기들을 매달아 섬의 위치를 표시했다. 또한 그들은 해류를 관찰하고 물결의 방향에 따라 지도 틀을 조정해서 방향을 확인하는 방식으로 멀리 떨어진 섬까지 항해할 수 있었다.

야자나무 줄기를 엮어 만든 마셜 제도의 막대 지도 마탕과 마셜 제도 우표. 마셜 제도 사람들은 마탕의 제작과 관련된 정보를 국가적인 기밀로 보호하였다.

으로 엄하게 징계할 것이라고 경고하였다.

남아메리카를 향한 항해가 시작되었다. 1769년 1월, 탐사대는 대서양과 태평양의 해류가 만나 가공할 폭풍을 일으키는 남아메리카 대륙의 남쪽 끝, 케이프 혼에 이르렀다. 아무리 거친 바다라도 쿡만큼은 충분히 헤쳐 나갈 수 있어 보였다. 그는 지나치게 엄격한 점도 없지 않았지만 선원들은 그의 뛰어난 항해술만큼은 인정하지 않을 수 없었다.

엔데버호가 짙푸른 열대림이 우거진 타히티 섬에 닻을 내렸다. 선원들은 원주민 여자들의 뒤꽁무니를 쫓아다니거나, 구운 돼지고기를 우겨넣는 데만 정신이 팔렸다. 그러나 쿡은 관측소를 설치하고, 금성의 태양면 통과를 관측하여 기록하였다. 드디어 비밀 임무가 남긴 봉투를 열 때가 되었다. 비밀 임무의 내용은 다음과 같았다.

"거대한 남극 대륙을 발견하거나, 아니면 그것이 존재하지 않는다는 것을 입증하라."

쿡은 엔데버호의 돛을 올리고 곧장 남극으로 향하라는 명령을 내렸다. 남위 40도에 이르도록 파도가 넘실대는 바다 외에는 아무것도 시야에 들어오지 않았다. 쿡은 방향을 서쪽으로 틀어 뉴질랜드로 향하였다. 그때까지만 해도 아직 뉴질랜드 전체가 지도로 그려지지 않은 상태였다. 혹시 뉴질랜드가 거대한 남극 대륙의 일부인 것은 아닐까?

뉴질랜드 해안에 상륙한 선원들은 그 지역 원주민인 마오리 족이 버리고 간 초막을 정찰하다가 음식을 끓인 솥에서 사람의 뼈를 발견하였다. 호전적이지 않은 몇몇 마오리 족의 설명에 따르면, 그들은 아무나 잡아먹는 것이 아니라 전쟁에서 죽인 적들만 먹는다고 하였다. 하지만 쿡은 뉴펀들랜드에서처럼 육지에 상륙해 해안을 측량하는 일은 너무 위험하다고 판단하였다. 그는 배 위에서 측량하는 러닝 트래버스 방법으로 해안 지도를 만들었다.

쿡은 뉴질랜드가 신비에 쌓인 남극 대륙의 일부가 아니라는 사실을 확인한 뒤 오스트레일리아를 향해 출발하였다. 오스트레일리아는 1642년, 네덜란드 탐험가 아벨 타스만에 의해 발견되었지만 그 대륙의 동쪽 해안을 가 본 유럽 인은 아직까지 없었다. 쿡은 넉 달에 걸쳐서 3,200km에 이르는 해안을 탐사하고 그것을 지도에 담았다.

그러다가 우연한 사고를 계기로 오스트레일리아의 그레이트 배리어 리프를 발견하게 되었다. 1770년 8월 17일, 엔데버호의 선체에 구멍이 뚫려 물이 들어왔다. 해안까지는 거리가 상당히 먼 데다, 쿡을 포함한 대부분의 선원들은 헤엄을 칠 줄 몰랐다. 선창에 차오르는 물을 당장 퍼내지 않으면 모두 죽을 판이었다. 그런데 이와 같은 위기 상황에서도 쿡은 선원 몇에게 물 퍼내는 일을 중단하고, 그곳의 경도를 측정하라고 명령하였다. 나중에 확인한 결과 이때 측정한 경도는 놀랄 만큼 정확하였다. 선원들은 낡은 돛으로 배에 뚫린 구멍을 틀어막고, 무거운 장비들을 바다에 던져 배의 무게를 줄였다. 불안한 가운데 몇 시간이 지나고 조수가 바뀌자, 엔데버호는 물 위로 떠오르며 그레이트 배리어 리프의 암초에서 빠져나왔다. 선원들은 배를 수리하고 다시 항해 길에 올랐다.

1771년, 비록 선체 곳곳이 파손되기는 했지만 성공적으로 임무를 마친 엔데버호가 마침내 영국으로 귀환하였다. 이제 제임스 쿡의 명성은 더욱 높아져야만 했다. 선원들은 쿡이 치명적인 괴혈병과 폭풍, 암초, 식인

쿡의 지도에 그려진 뉴질랜드의 더스키 만. 쿡은 이곳이 '예술가의 도움 없이 자연 그 자체가 빚어낸 지상에서 가장 아름다운 곳' 이라고 했다. 쿡 선장은 1769년과 1773년에 이곳을 방문하였다.

쿡 선장이 탐험하였던 오스트레일리아와 뉴질랜드 일대가 그려진 오늘날 지도.

종의 위험으로부터 자신들의 목숨을 지켜 주었다며 찬사를 보냈다. 게다가 쿡이 처음 항해에 나설 때만 해도 지구의 3분의 1을 차지하는 태평양이 세계 지도에서 빠져 있었으나 이제 쿡의 손으로 그것을 채워 넣은 것이다.

그런데 뜻밖에도 런던 사람들은 제임스 쿡이 아니라 엔데버호에 동승했던 부유한 귀족 출신 식물학자 조셉 뱅크스에게 더 열광하였다. 신문에서는 쿡의 원정을 '뱅크스의 항해'라고 불렀고, 뱅크스도 수차례에 걸친 위기와 탈출, 경이로운 자연에 관한 이야기들을 책으로 출간해 발 빠르게 자신을 알려 나갔다.

그러나 해군성 지휘부에서는 누가 진정한 영웅인지 알고 있었다. 해군성은 쿡을 선장으로 진급시키고, 조만간 과학 탐사를 위해 떠날 두 번째 대규모 원정대를 지휘하게 될 것이라고 발표하였다. 이번 항해에는 여러 사람의 성과를 혼자 독차지하는 뱅크스 대신 독일의 식물학자인 요한 포스터와 게오르그 포스터 부자가 동승할 예정이었다.

해군성은 이번 원정을 위해 배가 위치해 있는 곳의 현재 시간과 런던의 시간을 비교할 수 있는 새로운 장비를 준비하였다. 그것은 존 해리슨의 경도 시계를 본 따 만든 장치였다. 지구상의 위치, 특히 동서 방향의 위치를 알려 주는 경도는 지구가 한 바퀴 돈 회전각 360도를 24시간으로 나눈 것으로 경도 15도는 1시간을 나타낸다. 따라서 출발한 곳의 시간과 현재 위치의 시간을 알면 이동한 거리를 계산할 수 있으므로 아무 지표도 없이 망망대해를 항해하는 사람들에게 경도 시계는 더 할 수 없이 필요한 물건이었다. 항해를 시작한 쿡 선장은 일지에 다음과 같이 자신감을 표현하였다.

"경도 시계 같은 훌륭한 길잡이가 있으므로 중대한 실수가 발생될 일은 절대 없을 것이다."

레졸루션호에 오른 쿡은 항해가 순조롭게 이루어지도록 모든 것을 철저히 챙겼다. 선원들은 이 항해 기간 동안 절인 양배추 9,000kg, 홍당무 잼 135L, 날 양파 1,000자루를 소비하였다. 그러나 레졸루션호의 자매 배인 어드벤처호의 선장 토비아스 퍼노는 마치 그것이 영국 해군의 전통을 따르는 일이라는 듯 선원들의 건강에 좋지 않은 음식만을 공급하였다. 항

경도 상 대회

제임스 쿡이 태어나던 해인 1728년, 존 해리슨은 영국 정부가 2만 파운드의 상금을 내건 경도 상 대회에 응모하였다. 목수 일을 하는 해리슨은 스스로 터득한 기술로 시계를 만들 줄 알았다. 해리슨은 거친 풍랑이나 혹한, 혹서의 기온에서도 정확한 시간을 나타낼 수 있는 시계를 만들 수 있다고 확신하였다.

경도 시계는 어떠한 상황에서도 반드시 정확한 시간을 가리켜야 한다. 경도 시계에 단 일 분의 오차만 생겨도 배는 정상 항로에서 20km 이상 벗어날 수 있기 때문이다. 실제로 1707년에 클로디슬리 쇼벨 제독이 경도를 잘못 측정하는 바람에 선박 네 척이 영국 남쪽 해안에서 좌초되어 2,000명이 사망하는 사건이 발생한 적이 있었다. 영국 정부는 이와 같은 오류를 피할 수 있는 것이라면 무엇이든 진지하게 검토하기로 하였다.

해리슨은 수십 년 동안 시계 제작에 몰두한 끝에 조그만 접시 크기의 반짝이는 시계를 완성하였다. 보석으로 장식된 그 시계는, 팽창률이 다른 금속을 조합해서 극심한 고온이나 저온에서도 정확한 시간을 가리키고, 강풍에도 균형을 유지해 멈추지 않도록 제작되었다. 해리슨의 시계는 두 차례에 걸친 서인도 제도 항해에서도 거의 완벽한 시간을 가리켰다. 하지만 경도 위원회의 귀족들은 해리슨처럼 신분이 낮은 노인에게 거액의 상금이 걸린 상을 수여하기를 꺼렸다.

위원회는 두 번째 원정길에 오르는 쿡 선장에게 해리슨 시계의 복제품을 주어 다시 한 번 실험하게 하였다. 그 결과 복제품 시계 역시 완벽하다는 것이 입증되었고, 해리슨은 일흔여덟 살의 나이에 경도 상을 수상하게 되었다. 쿡 선장은 이 복제 시계를 매우 소중하게 여겨 세 번째 탐험 길에도 가져갔다.

해 길에 나선 지 불과 석 달 뒤, 두 배가 아프리카 남단 케이프타운에 닻을 내렸을 때 쿡 선장은 어드벤처호의 선원들 몇이 괴혈병으로 죽은 것을 알게 되었다. 그때까지 단 한 명의 선원도 잃지 않은 쿡은 크게 화를 냈다.

11월에 들어서자 두 배는 거대한 남극 대륙을 발견하기 위해 남쪽으로 항해하였다. 바다가 잠잠하던 1월 어느 날, 어드벤처호와 레졸루션호는 남극권의 경계(남위 66.5도)를 넘었다. 얼마 뒤 거대한 유빙이 배를 향해 점점 다가왔다. 배가 그것에 부딪치기라도 하면 나무로 만들어진 선체는 한순간에 휴지 조각처럼 구겨져 버릴 터였다. 쿡 선장은 그곳이 남극 대륙으로부터 불과 120km밖에 떨어지지 않은 곳이라는 사실을 깨닫지 못한 채 다가오는 장애물을 피해 넓은 바다 쪽으로 배를 돌렸다.

어드벤처호와 레졸루션호는 앞을 분간할 수 없는 짙은 안개 때문에 서로 떨어져 항해하다가 뉴질랜드에서 다시 만나기로 하였다. 퍼노 선장이 먼저 그곳에 도착하였다. 또다시 선원들을 괴혈병에 걸리게 했다고 질책받을 것이 두려웠던 퍼노 선장은, 선원 열 명을 그래스 만에 상륙시켜 야생 채소를 구해 오라고 명령하였다. 그들은 돌아오지 않았다. 다음 날 정찰에 나선 선원들은 마오리 족이 야숙하던 곳에서 불에 탄 동료들의 신체 일부를 확인하였다. 이 일로 충격을 받은 퍼노 선장은 배를 돌려 영국으로 돌아가 버리고 말았다.

한편 쿡과 레졸루션호는 다시 한 번 남극권을 넘어갔다. 이것은 다음 세기까지도 아무도 하지 못할 일이었다. 레졸루션호가 빙산에 너무 가까이 다가가는 바람에 선원들이 긴 막대로 배를 밀어내 떨어뜨려야 했던 적도 있었다. 그러나 육지의 징후는 전혀 없었다. 무언가 수평선을 따라 하얕게 반짝이고 그 위로 구름 낀 봉우리들이 낮게 드리워 있을 뿐 사방은 온통 얼음뿐이었다.

1775년, 쿡과 레졸루선호는 본국을 향해 귀환 길에 올랐다. 무려 3년하고도 17일 만의 일이었다. 그들은 총 11만km를 항해하였는데, 지구를 세 바퀴 도는 거리와 맞먹는 것이었다. 그동안 함께 항해했던 선원들은 쿡을 영웅으로 칭송하였다. 그리고 지금까지 그래 왔던 것처럼 앞으로도 쿡 선장이 가는 곳이라면 어디든지 함께 가겠다고 다짐하였다.

항해에서 돌아온 쿡은 다른 사람이 항해에 관한 글을 쓰도록 방관하지 않았다. 이번에는 자신이 항해 일지를 출간하려고 마음먹었던 것이다. 그리고 이 휴식 기간에 여섯째 아이를 임신한 아내와 함께 런던의 상류 사회에도 출입하였다. 머지않아 태평양에서 북아메리카의 북쪽 끝을 통과해 대서양으로 이르는 길, 즉 전설상의 북서 항로를 발견하는 임무를 맡아 또다시 긴 항해에 나서야 했기 때문이다.

늘 항해 준비를 철저히 해 오던 쿡은 너무 바쁜 나머지 배를 수리하는 현장을 일일이 확인하지 못하였다. 혹시 배 수리공들이 모서리를 필요 이상으로 깎아 내거나 썩은 목재를 사용한다 해도 속수무책이었다. 쿡의 사소한 부주의는 치명적인 결과를 낳을 수도 있었다. 1776년 7월 12일, 레졸루선호와 자매 선박인 디스커버리호가 영국 해안을 떠났다.

아무래도 쿡은 이전과는 달라 보였다. 선장이 분별력 있는 사람이라고 생각했던 선원들은 새로 제공된 선상 음식을 거절하는 선원들을 채찍질하라고 명령하는 모습을 보고 실망하였다. 낡고 물이 새는 배를 수리하기 위해 수시로 배를 멈출 때마다 쿡은 항해 준비를 소홀히 한 자신에게

쿡 선장의 옆모습이 부조된 벽옥 메달. 푸른빛이 도는 단정한 얼굴선이 쿡 선장의 단호한 성격을 말해 주는 듯하다.

화를 내는 것 같았다.

그러나 이전만큼 공정하고 신뢰할 수 있는 선장은 아니었을지 몰라도, 쿡은 여전히 항해술이 뛰어나고 용감하며, 행운이 뒤따르는 사람이라는 것은 부인할 수 없었다. 1777년 초, 북아메리카 서부 해안 지도를 만들기 위해 태평양을 가로질러 가던 쿡 일행의 시야에 아름다운 섬들이 길게 늘어서 있는 광경이 포착되었다. 섬 주민들이 매우 놀라는 것으로 보아 쿡 일행이 그곳에 상륙한 최초의 유럽 인임이 확실하였다. 쿡 선장은 경도 시계를 참조해 그곳이 북위 약 21도, 서경 157도 지점임을 확인하였다.

두 배는 다시 동쪽으로 방향을 잡고 북아메리카로 향하였다. 그리고 1778년 한 해 내내, 지금의 미국 오리건 주와 알래스카 사이의 8,000km에 이르는 험준한 해안을 따라 항해하며 북서 항로의 서쪽 끝 지점을 찾았다. 쿡 선장은 지도에도 없는 그곳을 과감하게 항해해 북극 근처까지 다다랐다.

그러나 탐험대는 전에 남극 대륙 가까이에 접근했다 회항했던 것처럼, 그들이 찾고 있던 동쪽 항로에서 불과 120km 떨어진 지점까지 이르렀다는 사실을 미처 깨닫지 못한 채 베링 해협에서 배를 되돌려야만 했다. 겨울이 되어 더 이상 항해를 계속할 수 없었기 때문이다. 두 배의 선원들은 휴식을 취하고 배를 수리하기 위해 전에 들렀던 아름다운 섬으로 되돌아갔다. 원주민들이 '오우히'라고 부르는 섬, 하와이였다.

지친 선원들이 닻을 내린 곳은 말발굽 모양의 아름다운 해안이 펼쳐진 케알라케콰 만으로 '신들의 통로'라고도 불리는 곳이었다. 하와이 원주민들에게는 장차 풍요의 신인 오로노가 하얀 돛을 단 카누를 타고 이곳 케알라케콰에 올 것이라는 전설이 전해지고 있었다. 하와이 원주민들은 오래전부터 예정된 케알라케콰 해안에, 그것도 일 년 중 추수기라는 예정된 때에 나타난 두 배를 보고 기뻐서 어쩔 줄 몰랐다. 수천 명의 원주민들이 배가 정박해 있는 곳까지 노를 저어 나와서 그들이 보기에 오로노 신이 분명한 쿡 선장과 그 일행을 맞았다.

쿡은 하와이 사람들이 자신을 신으로 여긴다는 사실을 전혀 눈치 채지 못하였다. 그저 원주민들이 몹시 지친 자신과 선원들을 대단히 환영한다고 느꼈을 뿐이다. 원주민들은 쿡의 어깨에 빨간 깃털을 단 화려한 망토를 걸쳐 주었다. 영국인 선원들은 그곳에 머무는 삼 주일 내내 원주민들이 베푸는 향연을 즐기며 꿈같은 시간을 보냈다.

그러나 원주민들은 차츰 오로노 신의 방문에 의문이 들기 시작하였다. 오로노 신은 분명 풍요의 신이어야 하는데, 그와 그의 일행들은 베풀기보다는 빼앗아 가려고만 할 뿐이었다. 더욱이 선원들은 원주민 여자들의 꽁무니를 쫓아다니고 술에 취해 비척거리며 서로 싸우기 일쑤였다. 원주민들은 오로노 신 일행이 섬을 떠날 때가 되자 아쉽기는커녕 오히려 홀

가분한 마음이 들 정도였다.

항해를 재개한 지 며칠 지나지 않아 썩을 대로 썩은 레졸루션호의 돛대가 부러져 버렸다. 어쩔 수 없이 섬으로 되돌아온 쿡 일행을 본 원주민들은 크게 실망하였다. 전설에는 섬을 떠난 오로노 신이 다시 되돌아온다는 대목이 없었기 때문이다. 쿡은 원주민들에게 배를 좀 더 수리해야겠다고 공손하게 설명하였다. 하와이 원주민들은 대부분 덤덤하게 그들을 맞았다. 그런데 한 사람이 불쑥 나서더니, 쿡이 전설 속의 위대한 전사 오로노 신이라는 증거를 보여 달라고 요구하였다. 쿡은 정중하게 자신의 오른손에 길게 난 상처를 보여 주었다.

2월 14일, 발렌타인 축제일 아침에 비극이 시작되었다. 간밤에 원주민 젊은이 몇이 디스커버리호의 상륙선을 훔쳐 달아났다. 날이 밝자 쿡과 스무 명의 선원들은 해안으로 가서 상륙선을 돌려 달라고 요구하였다. 원주민들은 자신들은 모르는 일이라며 잡아뗐다. 영국 선원들은 늙은 추장을 잡아 상륙선을 되돌려 줄 때까지 인질로 삼으려고 하였다. 그런데 선원들이 추장을 끌어내기 시작했을 때 그만 추장이 쓰러지고 말았다. 이 광경을 본 하와이 원주민들은 심한 모욕감을 느꼈다. 이제는 더 이상 참아야 할 이유가 없었다. 이윽고 학살이 시작되었다.

레졸루션호와 디스커버리호의 갑판에 남아 있던 선원들은 동료들이 원주민들에게 두들겨 맞고, 창에 찔리는 처참한 모습을 너무도 생생하게 볼 수 있었다. 키가 큰 쿡 선장은 더 쉽게 구별되었다. 순식간에 모여든 수많은 구릿빛 얼굴들 사이에서 유일하게 보이는 백인의 얼굴이 그였다. 선장은 자신을 둘러싼 원주민들을 진정시키려는 듯 한 발 한 발 천천히

제임스 쿡 선장이 살해되기 직전의 장면. 1790년, 런던에서 출간된『세계 일주 항해 모음집』에 삽입된 것이다. 그림의 왼쪽에 보이는 쿡 선장은 곧 다가올 참사를 막으려는 듯 한쪽 팔을 들어 무언가를 저지하는 모습이다. 쿡 선장이 살해될 당시, 영국의 배는 그림에서 보이는 것보다 해안에서 훨씬 더 멀리 떨어져 있었다.

발걸음을 뗐다. 바로 그때 그동안 전능한 오로노 신이라고 믿었던 쿡이 단지 평범한 인간에 불과하다는 사실을 깨달은 원주민이 있었다.

하와이 전사 하나가 몽둥이를 들어 올리더니 영국인의 머리를 향해 세게 내리쳤다. 순간 쿡의 몸이 휘청하며 무릎이 꺾였다. 또 다른 원주민이 쿡의 뒷목을 칼로 찔렀다. 갑판 위의 선원들은 얕은 물속에 엎어진 쿡이 몸을 일으켜 해변으로 올라가려고 애쓰는 모습을 지켜볼 수밖에 없었다. 세 번째 타격이 가해지자 쿡의 몸은 물속에 처박혀 더 이상 움직이지 않았다.

"영국을 비롯한 모든 나라에서 추앙받아 마땅한 이 위대한 항해자의 일생은 이와 같이 막을 내렸다."

배에 남아 있던 해군 소위 존 릭맨은 이 사건의 결말을 이렇게 기록했다. 당시 배에 있었던 한 선원은 쿡 선장이 죽는 순간 그가 늘 애지중지하던 경도 시계가 멈춰 버렸다는 이상한 증언을 하기도 하였다.

그 후 며칠 동안 하와이 원주민들과 영국 선원들 사이에 산발적인 공격이 오갔다. 그러는 와중에도 두 명의 원주민들이 목숨을 걸고 배가 정박해 있는 곳까지 헤엄쳐 와 쿡-오로노 신을 애도하는 노래를 불러 주었다. 식수를 구하기 위해 섬에 상륙한 선원들은 원주민이 일부러 그곳에 남겨 놓은 쿡 선장의 유품들과 바구니를 발견하였다. 그 바구니 속에는 선장의 두 손이 들어 있었다.

쿡 선장의 살해 소식이 영국에 알려지자 온 나라가 그의 죽음을 애도하였다. 왕실도 깊은 슬픔에 빠졌다. 쿡의 오랜 적수인 조셉 뱅크스는 그를 기리는 추도의 글을 런던 신문에 기고하였다. 쿡 선장에 대한 애도와 찬사가 이어졌다. 쿡 선장은 농부의 아들로 태어나 이 세상 그 누구보다도 더 먼 곳을 탐험했으며 그때까지 실체가 밝혀지지 않았던 지구의 3분의 1을 지도로 그려 낸 사람이었기 때문이다. 제임스 쿡 선장은 분명 역사에 길이 남을 위대한 탐험가였다.

남미의 역사와 자연까지 그린 훔볼트

남아메리카 안데스 산지의 침보라소 산. 6,310m에 이르는 화산 봉우리가 구름을 뚫고 거인처럼 우뚝 솟아 있다. 1802년 현재 침보라소 산은 세계에서 가장 높은 산으로 알려져 있다. 그것이 바로 독일의 젊은 귀족 알렉산더 폰 훔볼트와 식물학자 에메 봉플랑 그리고 남아메리카 현지 안내인 몇 명으로 구성된 소규모 탐사대가 지금 침보라소 산의 경사면을 천천히 오르고 있는 이유이다.

처음 2,000m까지는 별 문제가 없다. 하지만 그 지점을 지나고 나면 대원들은 눈이 쌓인 산을 오르게 된다. 현지 안내인들은 모두 되돌아가고, 훔볼트와 봉플랑, 카를로스라는 젊은 청년만 남았다. 세 사람이 힘겹게 오르는 산등성이 길은 폭이 불과 25cm도 되지 않을 만큼 아슬아슬하게 좁아지기도 한다. 간혹 숨을 고르며 발아래를 내려다보면 천 길 낭떠러지와 바닥을 알 수 없는 계곡을 가득 메운 구름바다가 보일 뿐이다.

공기가 점점 더 희박해지고 차가워지면서 우박이 머리를 때린다. 훔볼트는 숨을 들이쉴 때마다 지독한 통증이 폐를 압박하는 것을 느낀다. 그러나 그의 강한 호기심에 비하면 이 정도 고통쯤은 아무것도 아니다. 훔볼트는 고도가 바뀔 때마다 그곳에 서식하는 식물들이 어떻게 달라지는지 기록하느라 정신이 없다. 적도에 인접한 곳인데도 눈으로 덮여 있는 것이 이상하다는 생각이 머리를 스친다.

5,000m 높이에 이르면서부터는 세 사람 모두 구토와 두통에 시달린다. 코피가 흐르고, 안구의 혈관이 터져 앞을 제대로 볼 수 없다. 통증과 추위, 일시적인 실명 상태까지 겹치자 일행은 결국 탐험을 중단하기로 결정한다. 기압계의 수은주가 2/1100인치를 가리키는 것으로 보아 현재 고도는 5,878m이다. 침보라소 산의 정상까지 오르지는 못했지만 그것만으로도 세계 기록이다. 최소한 그들의 호기심은 조금이나마 채워진 셈이다. 세 사람은 흘러내리는 코피를 팔로 훔쳐 내고 서둘러 산에서 내려올 준비를 시작한다.

1769년, 베를린에서 태어난 알렉산더 폰 훔볼트는 늘 무엇엔가 도전하며, 신기한 것에 관심을 두었다. 프러시아 남작인 아버지와 프랑스 귀족이자 신교도인 어머니는 훔볼트를 괴팅겐대학교에 보냈다. 훔볼트는 거기서 제임스 쿡 선장의 두 번째 항해에 동행했던 식물학자 게오르그 포스터의 문하에 들어가 공부하였다. 두 사람은 종종 도보 여행을 떠났는데 스승 포스터가 온갖 식물이 무성하게 우거진 태평양 일대의 섬 이야기를 할 때면 훔볼트는 하나라도 놓칠세라 귀를 기울이곤 했다. 훔볼트는 "나의 스승이자 친구에 관한 이야기를 할 때면 가슴속 깊은 곳에서 우러나는 감사의 마음을 억누르기 어렵다."라고 그때를 회상하였다.

홈볼트는 존경해 마지않는 스승의 뒤를 이어 식물학자가 되고 싶었으나 남작 부인은 아들에 대해 다른 계획을 갖고 있었다. 어머니는 아들이 정부 관리가 되기를 바랐다. 그 때문에 홈볼트는 지질학을 공부하게 되었고, 스물세 살이 되던 해에 프러시아 프랑코니아 지방의 광산 감독관이 되었다. 매사에 열심인 이 청년은 벼랑이나 지하 갱도의 어두운 곳에서 자라는 이상한 식물들을 연구하는 것도 자신의 일이라 생각했다.

남작 부인은 1796년 홈볼트에게 얼마간의 유산을 남기고 죽었다. 홈볼트는 자신이 늘 꿈꿔 왔던 여행가 겸 과학자가 되기 위해 미련 없이 광산 감독관을 그만두었다. 그러고는 무엇보다 먼저 기능이 뛰어난 관측기구와 측량 도구들을 사들였다. 이때 구입한 물건 중에는 별의 각도를 측

홈볼트가 탐험한 남아메리카 일대의 오늘날 지도.

정하는 데 사용하는 조그마한 기구가 있었는데, 훔볼트는 이것을 '담뱃갑만 한 나의 육분의'라고 부르며 특별히 애지중지하였다. 얼마 후 그는 프랑스의 박물학자 에메 봉플랑을 만났다. 상냥하지는 않으나 예의 바른 이 박물학자와 훔볼트는 함께 남아메리카를 탐험하기로 뜻을 모았다.

두 사람은 한 프랑스 탐험대에 합류하기를 원하였다. 그러나 1798년 당시, 프랑스 혁명 정부는 프랑스의 최고 과학자들을 단두대에서 처형하고 영국과의 전쟁을 준비하느라 모든 탐험 계획을 중단시킨 상태였다. 게다가 영국이 프랑스 해안 전역을 봉쇄하였기 때문에 당분간 유럽을 벗어나는 일은 불가능해 보였다.

그러나 그만한 장애 앞에서 계획을 포기할 수는 없었다. 두 사람은 스페인에서 출항할 수 있을 거라고 생각하고 걸어서 마드리드로 갔다. 마드리드로 가는 동안에도 훔볼트는 연습 삼아 수시로 고도를 측정했다. 용감한 두 젊은이의 행동에 마음이 움직인 스페인 국왕은 왕실 문장이 찍힌 특별 통행증을 내주었다. 1799년 6월, 그들은 남아메리카의 베네수엘라로 향하는 스페인 우편 수송선에 올라 유럽을 빠져나갔다.

남아메리카에 도착한 훔볼트와 봉플랑은 오리노코 강을 거슬러 올라가며 탐험하기로 결정하였다. 그때로부터 이백 년 전, 영국의 민간 무장선을 이끈 월터 롤리 경은 오리노코 강이 거대한 아마존 강에 합류할 것이라는 가정 하에 이 지역의 지도를 그린 적이 있었다. 훔볼트와 봉플랑은 그 가정이 사실인지 확인하기로 마음먹은 것이다. 그들은 그동안 아마존 밀림 지대를 탐험하고 돌아온 몇 안 되는 생존자들이 전하는 온갖 경험담들을 이미 알고 있었다. 그러나 열병과 굶주림, 세계에서 가장 치명

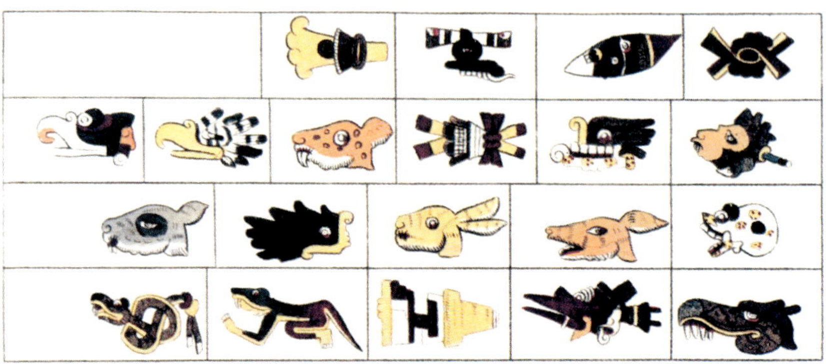

훔볼트가 멕시코 역서에서 발견한 그림 문자들. 날짜를 나타내는 이 그림 문자들은 1814년에 발간된 그의 저서 『고대 아메리카의 문명과 건조물에 관한 연구』에 수록되어 있다. 훔볼트는 각종 식물들에서부터 고대 인디언 문명에 이르기까지 남아메리카를 여행하면서 경험한 모든 것들을 빠짐없이 기록하였다.

적이라는 뱀, 나무 뒤에 숨어서 독화살을 쏘아 대는 원주민 등 아마존 밀림에 관한 끔찍한 이야기도 두 사람의 의지를 꺾지는 못하였다.

훔볼트와 봉플랑은 원주민 안내인 몇 명과 보안견 한 마리를 앞세우고 2,775km에 이르는 고난의 행군을 시작하였다. 달려드는 모기떼에게 얼굴을 물어뜯기기는 예사였고, 때로는 모기들이 콧구멍 속으로 들어가 애를 먹었다. 그들은 끊임없이 악어의 공격을 받았는데 한번은 호기심에 가득 찬 훔볼트가 도망갈 생각은커녕 오히려 그 자리에서 악어를 해부한 일도 있었다. 그들은 식인 물고기도 보았고, 개미 떼가 순식간에 나뭇잎들을 잘게 조각내서 운반해 가는 바람에 밀림 속에 길이 만들어지는 희한한 광경도 목격하였다. 탐험이 진행되면서 현지 안내인들까지 병이 날 정도였지만 훔볼트만은 쉬지 않고 암석이나 식물의 표본을 채집해 나갔다.

하루는 강을 건너는데 커다란 말이 갑자기 무릎을 꺾고 그대로 거꾸러

118

져 물에 처박히는 광경을 목격하였다. 현지 안내인들이 "트렘블라도레스!" 하고 소리쳤다.

홈볼트는 원주민 안내인에게 돈을 쥐어 주며 말을 쓰러뜨린 생물체를 잡아 오게 하였다. 그것은 길이가 2m쯤 되는 전기뱀장어였다. 이 이상한 생물체에 다가가던 홈볼트가 실수로 그중 하나를 밟고 말았다. 순간적으로 강력한 전류가 몸을 휩싸면서 끔찍한 통증이 덮쳐 왔다. 가까스로 회복해 다시 펜을 든 열정적인 과학자 홈볼트는 "내 생애에 그렇게 끔찍한 고통은 처음이었다."라고 기록하였다.

탐험이 계속되면서 운반해 간 식량이 떨어졌다. 홈볼트와 봉플랑은 야생 바나나로 끼니를 이어야 했다. 탐험대를 지켜 주던 보안견은 재규어

남아메리카를 탐험하는 홈볼트(왼쪽)와 봉플랑(오른쪽). 밀림 지대에 마련된 캠프의 탁자 위에 각종 식물 표본, 탐험 일지, 육분의, 확대경 등이 놓여 있다.

고도 측정

높은 산의 고도는 어떻게 측정할까? 전에는 바로미터 (기압계)로 기압의 변화를 측정해 산의 높이를 알아냈다. 높이 오를수록 기압이 낮아지는 원리를 이용한 것이다. 그런데 이전에 만들어진 기압계는 크고 깨지기 쉬워 운반하기가 어려웠다. 산의 고도 측정에는 온도계도 이용되었다. 물은 고도가 높아질수록 낮은 온도에서 끓게 마련이므로, 물의 비등점을 측정해 그 지점의 고도를 계산하는 것이다. 그런데 이 두 방법을 이용해 고도를 측정하려면 측정자가 반드시 산에 올라가야 한다는 문제점이 있다.

이에 비해 수직 삼각 측량법을 이용하면 훨씬 간단하게 고도를 잴 수 있다. 수직 삼각 측량법에는 경위의라는 기구가 필요하다. 경위의가 부착된 망원경을 통해 산 아래의 두 지점이 각각 산 정상과 이루는 각도를 측량하면 산의 높이를 계산할 수 있다. 1850년, 인도의 대측량 사업에 참여한 수학 천재 라다나드 시크다르는 삼각 측량법을 이용해 히말라야 산맥의 에베레스트 산이 세계에서 가장 높은 산임을 확인하였다. 한 세기 뒤인 1952년에 인도가 실시한 측량 조사에서 에베레스트 산의 높이는 8,848m로 밝혀졌다.

에게 물려 죽고 말았다. 그러나 살인적인 더위와 견디기 어려운 여러 조건 속에서도 정확한 측량 수치를 일일이 기록한 덕분에 홈볼트는 후에 세계 최초로 이 지역의 정확한 지도를 만들어 낼 수 있었다. 그들은 카시키아레라 불리는 조그만 강이 오리노코 강을 아마존 강 수계에 이어 준다는 사실을 알아냈다.

마침내 밀림을 빠져나온 홈볼트와 봉플랑은 그곳에서 채집한 수천 종의 표본을 유럽으로 가는 배에 선적시키고, 곧바로 아마존의 서쪽 에콰도르와 안데스 산맥을 향해 출발하였다. 그곳에는 당시 세계에서 가장 높다고 알려진 침보라소 산이 있었다. 그들은 혹독한 시련을 헤치고 마침내 침보라소 산에 올랐고, 홈볼트는 그곳에서 모은 수많은 정보를 바탕으로 지도를 그리게 되었다.

그러나 홈볼트는 위치와 장소를 보여 주는 종래의 지도 형식에 만족할 수 없었다. 그리하여 그는 식물의 분포, 고대 문명의 위치, 농업, 수온, 폭풍 등을 담은 주제별 지도를 제작하기 시작하였다. 홈볼트는 특정 분야의 정보를 지도상에 나타내 주제별 지도를 발전시킨 최초의 지도 제작자 중 한 사람이었다.

노새의 등에 올라탄 두 과학자는 안데스 산맥을 뒤로 하고 페루의 수도인 리마로 향하였다. 리마에서는 태양을 가로지르는 수성의 경로를 관측하고, 지구에서 가장 너른 바다인 태평양을 답사할 계획이었다.

타각거리는 노새의 발굽 소리를 들으며 지리한 여행을 계속하던 두 사람은 얼마 후면 짙푸른 태평양 바다가 눈앞에 펼쳐지리라 기대하였다. 그러나 막상 그들의 시야에 들어온 것은 낮게 드리운 구름 아래 출렁이는

훔볼트가 그린 에콰도르의 침보라소 화산의 단면도. 훔볼트는 산의 높이에 따라 자생하는 식물군이 달라지는 모습을 한눈에 알아볼 수 있게 나타냈다.

잿빛 바다뿐이었다. 남쪽으로부터 바다를 가로질러 온 습기 찬 차가운 바람이 끊임없이 얼굴을 때렸다. 금방이라도 비가 올 것만 같았다. 그러나 그 지역에 사는 사람들의 말에 의하면, 그곳은 심할 때는 몇 년 동안이나 비 한 방울 내리지 않는 지역이었다. 사실 두 사람이 지나온 곳은 세계에서 가장 건조한 지역이었다. 오래전에 멸망한 치무 족의 수도인 고대 도시 찬찬의 폐허를 둘러본 두 사람은 그곳이 한때 저수지와 정원의 도시였다는 사실이 도무지 믿기지 않았다. 저수지들은 물 한 방울 없이 바싹 마른 바닥을 드러낸 채였고, 푸르게 우거졌었다던 정원은 황량하기 그지없었기 때문이다.

봉플랑이 채집할 풀 한 포기조차 변변히 자라지 않는 곳이라고 불평하는 사이에 훔볼트는 바닷물 속으로 들어가 보았다. 수온을 확인한 훔볼트는 깜짝 놀랐다. 공기는 뜨거운데 바닷물은 차가웠기 때문이다. 분명 어떤 해류가 차가운 물을 북쪽으로 밀어 올리는 것 같았다. 그렇다면 차가운 남극의 바닷물이 이곳까지 밀려 올라오는 것일까?

페루의 수도 리마로 가는 동안 그들은 거의 토할 만큼 견디기 어려운 악취에 시달려야 했다. 바닷새들의 분비물로 뒤덮인 인근 섬에서 풍겨 오는 냄새였다. 바다 위에는 수많은 새들이 먹잇감을 찾아 물 위를 선회하거나 물속으로 곤두박질치고 있었다. '구아노'라고 불리는 바닷새의 분비물은 아주 훌륭한 비료로 쓰인다. 이 광경을 목격한 두 박물학자는 황량한 사막 지대에 고대 도시들이 건설되고, 그 문명이 유지될 수 있었던 이유를 비로소 깨달았다. 고대 치무 족은 성분이 뛰어난 천연 비료 구아노를 풍족하게 보유하였고, 늘 습기를 머금고 있는 안데스 산지에서 물을 끌어들임으로써 사막 지역에 문명을 꽃피울 수 있었던 것이다.

그런데 그곳 바다에 그렇게 많은 바닷새가 서식하는 이유는 무엇일까? 홈볼트는 연신 바닷물 속으로 곤두박질쳐 물고기를 낚아채 오르는 새들을 바라보면서, 페루 앞바다에 흐르는 빠르고 차가운 해류가 그곳을 세계에서 가장 어족이 풍부한 어장으로 만들어 준다는 사실을 알게 되었다.

페루의 이상 기온 현상 역시 바닷물의 온도와 대기의 온도 차이 때문에 일어나는 것이다. 바다에서 불어오는 바람이 뜨겁고 건조한 육지 위를 통과하면서 기단의 온도가 상승하게 되는데, 이 기단은 많은 습기를 필요

등치선도

어떤 분야에서 같은 수치를 나타내는 지점을 연결한 선을 등치선이라고 한다. 예를 들어 커피보다 차를 즐겨 마시는 사람들이 사는 지역을 연결한다면 영국과 중국을 잇는 등치선이 그려지게 되는데 이러한 자료는 차 판매상에게 유익한 정보가 될 것이다.

등치선도를 처음으로 만든 사람은 영국의 천문학자 에드먼드 핼리 경이다. 유명한 핼리 혜성을 발견한 핼리 경은 1686년에 나침반의 방향이 동일하게 나타나는 지점을 연결해 지구의 자기장을 표시한 지도를 만들었다. 1791년, 프랑스의 지도 제작자인 뒤펭 트리엘은 해발 고도가 같은 지점을 연결한 등고선을 그려 지형도를 만들었다. 알렉산더 폰 홈볼트는 남아메리카를 여행한 후 온도가 같은 지점을 연결한 등온선을 지도 위에 그렸다. 오늘날 기상도라는 말로 더 잘 통하는 등온선 지도를 최초로 그린 인물이 바로 홈볼트이다.

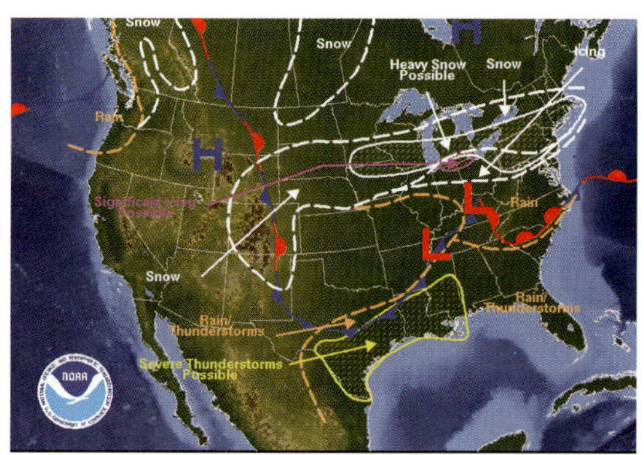

현대의 기상도. 온도가 같은 지점을 선으로 연결(등온선)한 기상도는 훔볼트의 선구자적인 연구를 기초로 만들어진 것이다. 이와 같은 지도를 통해 온난한 기단(공기 덩어리)과 한냉한 기단의 현 위치를 파악하고, 그것들이 어느 방향으로 이동할지 예측하여 날씨를 예보하는 것이다.

로 하기 때문에 비를 뿌리는 대신 주변으로부터 더 많은 습기를 빨아들이게 된다. 이런 현상은 내륙 지방으로 갈수록 더욱 심해진다. 더운 것과 찬 것, 습기를 띤 것과 건조한 것의 경계선은 생명을 탄생시키기도 하고 소멸시키기도 한다. 훔볼트는 이와 같은 발견을 지도에 그려 넣기로 마음먹었다.

1804년, 두 박물학자는 6만 종에 이르는 식물, 조류, 동물 들의 표본을 담은 서른 개의 상자를 싣고 본국으로 돌아왔다. 유럽 인들은 두 사람을 과학계의 거장으로 치켜세우며 존경해 마지않았다. 봉플랑은 한동안 파리에 있는 식물원의 책임자가 되었으나 결국은 남아메리카로 돌아갔다. 훔볼트는 자신의 재산을 털어서 또 다른 탐험들을 시도하였고, 서른세 권의 책을 집필하여 세상에 선보였다. 그중 총 다섯 권으로 구성된 『코스모스』는 비록 미완성에 그치긴 했지만, 19세기 당시의 유명한 베스트셀러였다. 훔볼트는 그 밖에도 고대 문명이나 재배 작물, 날씨 등의 정보를 알려 주는 새로운 주제별 지도를 포함해 무려 1,426점의 지도를 그렸다.

훔볼트는 자부심이 강한 사람이었다. 그러나 그는 페루 앞바다에 흐르는 어족이 풍부한 차가운 해류에 자신의 이름이 붙여져 '훔볼트 해류'라고 불리는 것을 달가워하지 않았다. 그는 그것이 '페루 해류'로 불리기를 원했다. 지금도 남아메리카 대륙 곳곳에는 '훔볼트 산', '훔볼트 카운티' 등 그의 흔적이 남아 있다. 또한 훔볼트를 기려 그의 이름을 딴 도시만 여덟 개가 있다. 아흔 살 가까이 살았던 훔볼트는 침보라소 산에 올랐던 일을 자신의 생애에서 가장 영예로운 일로 꼽았다.

"나는 세상에서 가장 높은 곳을 오른 사람이었다."

등기 문서 역할을 한 북아메리카 지도

1804년 다코타 평원에 겨울이 다가오던 어느 날, 수은주는 영하 40도 아래를 가리키고 있다. 메리웨더 루이스와 윌리엄 클라크가 이끄는 디스커버리 탐험대는 혹한의 날씨가 기승을 부리는 겨울 동안 미주리 강 상류 기슭에 자리잡은 맨던 족 마을로 들어가 흙으로 지은 포근한 움막에서 지내기로 결정한다.

맨던 인디언들은 개나 말 같은 가축을 움막 안에서 키우는데 때로는 백인 방문자들에게도 흔쾌히 보금자리를 내준다. 1798년에는 캐나다에서 온 모피상 데이비드 톰슨이 맨던 마을에서 겨울을 난 적이 있다. 그로부터 육 년 후인 지금, 루이스와 클라크는 두터운 들소 가죽을 두른 채 맨던 족 남자들과 함께 모닥불 앞에 앉아 있다.

톰슨이 그랬듯 두 미국인도 맨던 인디언들에게 서쪽에 펼쳐져 있는 땅에 대해 묻고 또 물었다. 그들은 들소 가죽에 그려진 지도들을 유심히 들여다보고는 인디언들에게 지도를 더 그려 달라고 청한다. 맨던 인디언들은 모닥불이 타고 남은 잿더미 위에 지도를 그리거나 클라크의 펜을 빌려(맨던 족은 깊은 생각에 잠겨 혼자 앉아 있는 루이스보다 클라크에게 더 호감을 보인다.) 종이 위에 나뭇가지처럼 뻗어 나간 강줄기들을 그리기도 한다.

맨던 족들은 지금 자기들이 돕고 있는 사람들의 임무가 무엇인지, 그들의 임무가 자신들의 미래에 어떤 영향을 미치게 될지 전혀 짐작하지 못한다. 아버지가 토지 측량사였던 미국의 토머스 제퍼슨 대통령은 서쪽으로 펼쳐진 광활한 땅을 미국이 먼저 차지하기 위해 디스커버리 탐험대를 파견하였다. 맨던 족을 비롯한 인디언 원주민들이 수천 년 동안 그 땅에 살아 왔다는 사실은 그다지 문제될 것이 없다. 왜냐하면 인디언들은 법적으로 그 땅의 소유권을 주장할 수 있는 공식적인 지도가 없기 때문이다. 루이스와 클라크 일행은 장차 백인들이 이주해 정착할 수 있도록 북아메리카 대륙의 서부를 탐험하러 이곳에 온 것이다.

클라크는 1804년 11월 11일, 몬트리올의 모피상 샤르보노가 나이 어린 아내를 데리고 맨던 족의 땅으로 들어왔다고 일지에 적는다. 열한 살 때 히다차 족에게 납치되어 샤르보노에게 팔린 이 쇼쇼니 족 여자의 이름은 사카가웨어인데 지금 임신 중이다.

루이스와 클라크는 샤르보노가 교활하고 심술궂은 인물임을 눈치 챘다. 그러나 탐험대가 쇼쇼니 족 영역으로 들어갈 때 그의 아내 사카가웨어를 통역자로 내세우면 도움이 될 것이라고 생각한다. 그래서 그들은 사카가웨어를 데려가는 조건으로 샤르보노에게 서부 탐험에 동행할 것을 제안한다.

지도 밖의 지도

아프리카나 오스트레일리아, 북극 지역의 원주민들과 아메리카 인디언들은 지도를 종이 위에 그리지 않았다. 종이 위에 그려진 지도는 쓸모가 없었기 때문이다.

그린란드의 아마살리크 족이 사는 지역은 겨울이 되면 어둠만 계속되는 곳으로 겨울 동안은 어둠 속에서 목적지를 찾아가야 한다. 그런데 이동하는 두 지점 사이에 얼음 지대나 거대한 눈 둔덕이 가로놓여 있다면 가려는 곳까지 곧장 가기 어려울 것이다. 때문에 각 지역의 위치가 고정된 종이 지도는 그들에게 아무 쓸모가 없다. 아마살리크 족은 그곳의 지형이나 기후 조건, 자신들의 생존 방식에 맞는 고유의 지도를 개발하였다. 그들은 자신들이 살고 있는 지역의 절벽이나 만, 언덕 같은 지형들을 나무판 위에 새겼다. 긴긴 겨울이 찾아오거나 눈보라가 몰아쳐 시야가 완전히 가려질 때는 나무판에 양각된 지도를 손으로 더듬어 방향을 파악하는 것이다.

북아메리카 원주민들은 대부분 수렵을 하며 이동 생활을 하는 사람들이었기 때문에 굳이 지도를 그려 영역을 구분하는 일은 의미가 없었다. 그보다는 이동하는 길과 위험 지역, 짐승을 사냥하기 좋은 곳, 신성한 땅의 위치 등에 대한 정보를 노래나 이야기에 실어 다른 이에게 전하는 '구술 지도'가 훨씬 더 유용하였다.

그러나 이동 생활을 하는 원주민들도 필요하다면 얼마든지 지도를 그릴 수 있었다. 북아메리카를 탐험한 프랑스의 탐험가 사뮈엘 드 샹플랭은 1611년, 세인트로렌스 강 기슭에 사는 한 인디언 부족에 관해 흥미 있는 기록을 남겼다.

"그들은 강이나 폭포, 호수와 땅, 그곳에 거주하는 부족들에 대하여 알려 주었다. ……그들은 자신들이 가 보았던 곳을 지도로 그려 가며 설명해 주었다."

맨던 족은 서부 지역을 지도로 그리려는 루이스와 클라크 일행을 조금도 의심하지 않았다. 인디언들은 유럽 인들처럼 땅을 소유한다는 개념이 없었기 때문이다. 인디언들에게 땅은 절대 한 개인의 소유물이 될 수 없었다. 땅이란 사냥하거나 여행하는 곳이며, 더 나아가 경배 드려야 할 위대한 자연이었다. 왐파노애그 족의 마사소이트 추장은 백인들이 어떤 지역에 정착하여 그곳을 '뉴잉글랜드'라고 부르자 다음과 같이 물었다.

"도대체 당신들이 '재산'이라고 부르는 것은 무엇인가? 대지는 누군가의 소유가 될 수 없다. 왜냐하면 대지는 우리의 어머니이기 때문이다. 숲과 개울을 비롯해서 대지가 품고 있는 모든 것들은 우리 모두에게 속하는 것이다. 그런데 어떻게 한 개인이 그것들을 자신의 소유라고 주장할 수 있는가?"

그러나 유럽 인들에게는 땅이란 점령하고, 분할하고, 매매하고, 세금을 매기고, 개발하는 대상일 뿐이었다. 사실 땅에 대한 욕망은 미국이라는 나라가 탄생하게 된 가장 큰 이유 중 하나였다. 1763년, 영국 왕 조지 3세가 식민지 정착민들에게 애팔래치아 산맥 서쪽으로 이주하는 것을 금지하자 정착민들은 크게 반발하였다. 영국으로부터 독립한 미국은 자신들이 먼저 서부에 깃발을 꽂지 않는다면, 영국이 그 땅을 차지할 것이라고 생각했다. 제임스 쿡과 조지 밴쿠버가 태평양 연안에 영국 국기를 꽂은 18세기 이래 영국은 늘 서부 지역을 탐내 왔기 때문이다.

일찍이 스코틀랜드계 캐나다 인으로 모피상이자 지도 제작자인 알렉산더 매켄지를 비롯한 영국인들이 북아메리카 대륙의 내륙을 탐험한 적이 있다. 18세기 말, 매켄지는 눅사크 족 인디언의 안내를 받으며 벨라쿨

루이스와 클라크가 탐험한 북아메리카 일대의 오늘날 지도.

라 강을 따라 이동하다가 태평양 해안에 이르게 되었다. 그는 자신이 최초로 북아메리카 대륙을 횡단한 유럽 인이라는 사실을 증명하기 위해 자신이 서 있는 지점의 경도와 위도를 기록하였다. 그리고 기름을 섞은 주홍색 물감으로 "1793년 7월 22일, 캐나다에서 온 알렉산더 매켄지가 육로로 이곳에 이르다."라는 문구를 태평양이 바라다보이는 바위 위에 썼다.

영국으로 돌아간 매켄지는 자신의 탐험 기록을 책으로 출판하였다.

그의 책을 관심 있게 읽은 미국 대통령 토머스 제퍼슨은 매켄지의 뒤를 좇아 또 다른 캐나다 모피상들이 줄줄이 서부로 향할 가능성이 있음을 우려하였다. 1801년에는 매켄지와도 친분이 있는 데이비드 톰슨이 지금의 앨버타 주 밴프 부근에서 로키 산지를 관통하는 길을 발견하였다. 상황이 이처럼 긴박하게 돌아가자 제퍼슨 대통령은 1804년 5월, 루이스와 클라크 그리고 40명의 탐험대원들에게 미주리 주 세인트루이스에서 출발하여 미국 서부를 탐험하도록 명령하였다.

클라크의 노예인 요크와 메티스(프랑스계 캐나다 인과 인디언 사이의 혼혈인) 출신 사냥꾼 몇 명도 탐험대의 일원이 되어 함께 출발하였다. 북아메리카 대륙의 광활한 서부를 탐험해서 태평양에 이르는 육로를 발견하고, 정착해 살기에 알맞은 땅을 조사해 오라는 것이 탐험대에게 주어진 임무였다. 탐험대는 자신들이 탐험할 서부 지역이 어설프게 그려진 조악한 지도를 가져갔는데, 이 지도에는 그 넓은 땅에 단 하나의 산맥이 그려져 있을 뿐이었다. 탐험대가 출발하는 지점에서부터 태평양 사이의 약 3,000km에 이르는 지역은 아예 생략돼 버리고 없었다. 탐험대는 대략 일 년이면 탐험을 끝낼 수 있을 것으로 예상하였다.

디스커버리 탐험대는 미주리 강을 거슬러 올라가면서 인디언 마을이 나타나면 그곳에 들러 원주민들을 한자리에 불러 모았다. 마을에 들어간 탐험대원들은 먼저 자석이나 소형 망원경, 총 등 원주민들에게 생소한 물건들을 보여 주며 환심을 샀다. 그리고 그들과 평화의 담뱃대를 나누어 물고 바늘, 단추 같은 물건들을 주며 그 대가로 식량과 탐험에 필요한 정보를 얻어 냈다. 클라크의 노예 요크는 이러한 행사에 빠져서는 안 될 중요한 인물이었다. 탐험대가 신기한 구경거리를 선보이는 동안 요크는 줄 곧 한옆에 서 있어야 했는데, 그러면 난생처음 흑인을 본 인디언들이 호 기심에 찬 손을 불쑥 내밀어 요크의 곱슬곱슬한 머리카락이나 검은 피부 를 만져 보게 마련이었다.

탐험대는 폐허가 된 채 버려진 원주민 마을을 지나치기도 하였다. 유 럽 모피상들의 발길이 서부 깊숙한 곳까지 미치면서, 그들과 함께 들어온 천연두 균에 감염된 수천 명의 인디언들이 목숨을 잃었던 것이다. 미주리 강 기슭에 사는 원주민들이 보기에 루이스와 클라크 일행은 비록 성가실 정도로 많은 것들을 묻기는 했지만 그저 평화의 담뱃대와 물물 교환할 물 건들을 가지고 와서 즐겁게 해줄 뿐, 자신들과 싸울 뜻이 있는 것 같지는 않았다. 게다가 클라크는 배에 싣고 온 의약품으로 병이 난 원주민들을 치료해 주기까지 하였다.

1804년 2월, 맨던 족 마을에서 긴 겨울을 보내던 클라크는 사카가웨어 가 아들을 출산하는 데 도움을 주었다. 아기가 태어난 지 두 달쯤 지나 계 절이 봄으로 접어들자 미주리 강을 뒤덮었던 얼음들이 녹기 시작하였다. 그러는 사이, 영국인 모피상들이 원주민 인디언들을 부추겨 미국 측에 맞 서도록 유도한다는 소문이 돌면서 맨던 마을이 술렁대기 시작하였다. 또 한 미국이 북아메리카의 스페인 영토를 빼앗으려 한다는 정보를 접한 뉴 멕시코의 스페인 사람들이 호전적인 코만치 족 인디언들을 보내 미국을 공격하게 한다는 소식도 들려왔다. 탐험대가 다시 활동을 개시할 시점이 었다.

사카가웨어는 아기를 등에 업고 단단히 묶은 후 강을 거슬러 오늘날의 몬태나 주로 향하는 탐험대를 따라나섰다. 탐험대는 거대하게 무리 지어 이동하는 들소 떼나 무수한 기암괴석들을 지나치면서 배를 타고 서쪽으로 향하였다. 강가에 배를 대고 잠시 땅을 디딜 때면 이제 갓 엄마가 된 사카가웨어는 나물을 캐거나 야생 딸기를 따서 탐험대의 저녁 식탁에 올려놓았다.

5월 14일, 갑작스런 돌풍으로 배가 뒤집히는 바람에 탐험 장비와 의약품, 탐험 일지, 인디언들과 교환할 물건들이 순식간에 물속으로 쏟아져 들어갔다. 뜻밖의 사태에 놀란 샤르보노가 소리를 지르자 메티스 한 명이 그에게 총을 겨누며 당장 입을 닥치지 않으면 쏘아 버리겠다고 위협하였다. 갑작스런 사태에 모두 당황할 뿐이었다. 그러는 사이 사카가웨어는 말없이 물 위에 떠다니는 물건들을 건져 내 햇볕에 마르도록 강독 위에 펼쳐 놓았다. 클라크는 그날 벌어진 일을 이렇게 기록했다.

"대원들 못지않은 용기와 결의를 가진 이 인디언 여인은…… 물에 빠진 물건들을 거의 다 건져서 잘 말렸다."

몇 주 후 사카가웨어가 앓아눕자 클라크는 들소 고기를 끓인 진한 국물을 손수 떠먹이며 그녀를 간호하였다.

탐험대는 서부 땅이 그들이 가지고 간 지도에 표시된 것보다 훨씬 더 넓다는 사실을 차츰 깨닫게 되었다. 그들은 자신들의 이동 경로를 꼼꼼히 기록해 나갈 뿐만 아니라 아름다운 경치에 대해서도 언급하는 여유를 부렸다. 하지만 탐험이 진행될수록 일 년 안에 태평양까지 갔다가 되돌아오는 것은 불가능하다는 사실이 확실해졌고 모두들 낙심하였다.

그들이 서쪽으로 흘러 태평양에 이르는 미주리 강 상류에 도달한 것은

아기를 등에 업은 사카가웨어의 모습이 새겨진 1달러짜리 미국 동전. 미국에는 어느 여성보다도 사카가웨어의 동상이 많이 세워져 있는데 대부분은 그녀가 서부 쪽을 가리키는 모습의 동상이다.

한여름이었다. 7월 22일, 지친 대원들은 쇼쇼니 족 마을이 얼마 남지 않았다는 사카가웨어의 말에 새롭게 힘을 낼 수 있었다. 클라크는 당시 상황을 다음과 같이 일지에 적었다.

"미주리 강이 끝나는 곳부터 컬럼비아 강까지 짐을 운반해 줄 말들을 구하려면 스네이크 인디언(쇼쇼니 족)의 도움이 절대적으로 필요한데, 그들과 우호적인 협상을 벌일 수 있는 사람은 사카가웨어뿐이다."

일주일 후 탐험대는 드디어 쇼쇼니 인디언과 마주치게 되었다. 말 등에 올라탄 쇼쇼니 전사가 일행을 마을로 안내하였다. 탐험 기간 내내 말이 없고 조용하기만 하던 사카가웨어는 무척 흥분되고 들떠 있는 모습이었다. 대원들이 추장 카메아와이트의 천막에 들어가 자리를 잡고 그를 기

데이비드 톰슨

캐나다의 위대한 지도 제작자인 데이비드 톰슨은 캐나다의 허드슨베이 회사에서 일하기 위해 열네 살 되던 해, 런던의 어머니 곁을 떠나 대서양을 건너는 배에 올랐다. 캐나다에 도착한 톰슨은 처칠 강 기슭에 서 있는 황량한 요새에 머물면서 시를 읽거나 원주민 말을 익히며 이국땅에서의 첫겨울을 보냈다. 허드슨베이 회사는 톰슨에게 천체를 관찰해서 위도와 경도를 측정하는 훈련을 시켰다. 인디언 친구들이 톰슨을 '쿠쿠신트(별을 관찰하는 사람)' 라고 부른 것은 이런 이유 때문이었다. 톰슨은 1793년에 허드슨베이 회사의 서쪽 땅을, 그리고 1798년에는 다코타의 맨던 족 영역을 지도로 그렸다.

다음 해 톰슨은 크리 족 인디언 혼혈인 샬로트 스몰과 결혼했다. 당시만 해도 아메리카에 건너온 백인 남자들은 유럽으로 돌아갈 때 원주민 아내와 가족을 버리고 떠나는 일이 흔했지만 톰슨은 그런 부류와는 달랐다. 그는 로키 산지를 탐험하러 떠날 때에도 샬로트와 자녀들을 데리고 갔다.

1811년, 톰슨은 마침내 험한 산지를 지나 태평양을 향해 빠르게 흘러드는 컬럼비아 강에 이르는 길을 발견하게 되었다. 그러나 숲을 빠져나온 톰슨은 강어귀에 있는 애스토리아 요새에서 미국 성조기가 펄럭이는 광경과 맞닥뜨렸다. 영국이 그 땅에 대해 우선권을 주장하기에는 이미 늦어 버렸지만 톰슨은 훌륭한 지도들을 남겼다. 그는 27년간 모피 무역을 하면서 북아메리카 대륙 북서부 일대, 8만㎢에 이르는 지역을 아름답고 정확한 지도로 옮겼다. 북아메리카 인디언들과 함께 생활한 경험을 기록한 톰슨의 일지 역시 많은 사람의 관심을 끌었다. 1812년, 모피 무역에서 손을 뗀 톰슨은 동부로 돌아와 행복한 가정을 이루며 살았다고 한다.

다리는 동안 사카가웨어는 한쪽에 앉아 통역할 준비를 하고 있었다. 그러던 그녀가 갑자기 자리에서 튀어 올라 카메아와이트 추장을 끌어안고 눈물을 쏟았다. 추장은 그녀의 오빠였던 것이다. 어릴 때 납치당한 후 처음으로 다시 만나는 오빠였다.

추장은 아쉬운 작별을 고하고 다시 길을 떠나는 탐험대에게 말 몇 필과 안내인을 내주었다. 사카가웨어는 추장의 여동생이었으므로 원하기만 하면 얼마든지 그곳에 남아 쇼쇼니 족과 함께 살 수 있었지만 그녀는 어린 아들을 업고 탐험대를 따라나섰다. 어쩌면 의사이자 아이의 후원자가 될 수도 있는 클라크를 쫓아가는 것이 아이를 위해서 더 나은 길이라고 생각했거나, 탐험대원들이 그녀에게 함께 가 줄 것을 간청했을 수도 있다. 아니면 미지의 세계에 대한 호기심이 그녀를 끝까지 탐험대와 동행하도록 이끌었는지도 모를 일이다.

그러나 다시 시작한 탐험은 결코 만만치 않았다. 디스커버리 탐험대원들은 힘겹게 산꼭대기에 올라설 때마다 저 멀리에 태평양 바다가 눈에 들어오기를 고대했다. 그러나 번번이 꼭대기가 흰 눈으로 덮인 산들이 지평선을 따라 첩첩이 늘어서 있는 광경만 보일 뿐이었다. 9월이 되자 눈이 내리기 시작했다. 식량은 이미 바닥이 나서 짐을 운반하는 말까지 잡아먹어야 할 지경이었다.

가까스로 험한 산지를 통과해 드디어 평지에 이른 탐험대는 네즈퍼스 인디언 구역인 준 사막 지대에 접어들게 되었다. 네즈퍼스 인디언들은 흰 사슴 가죽 위에 서쪽으로 흐르는 강들을 그려 보였다. 클리어워터 강은 스네이크 강으로 흘러들어 가고, 스네이크 강은 컬럼비아 강으로 흘러들어가 태평양에 이르게 되는 것이었다. 탐험이 진행될수록 사카가웨어가 훌륭한 친선 사절이라는 것이 더욱 분명해졌다. 이에 대해 클라크는 다음과 같이 증언하였다.

"사카가웨어의 등장만으로도 우리의 우호적인 뜻이 인디언들에게 잘 전달되었다."

1805년 11월, 습기가 많고 숲이 우거진 지역에 다다랐다. 탐험대는 바다 가까이에 접근했음을 알았다. 루이스와 클라크는 곧 다가올 겨울 동안 탐험대가 머무를 곳을 투표로 결정하기로 하였다. 탐험대원 전원이 참여하는 투표였다. 흑인 노예 요크도 투표에 참여하였다. 미국에서 법적으로 흑인들의 참정권을 인정한 때보다 육십 년 전에 자신의 뜻에 따라 투표한 셈이다. 사카가웨어 역시 한 표를 행사하였다. 미국의 여성들이 공식적으로 투표권을 획득한 때보다 무려 백 년 전의 일이었다.

투표 결과에 따라 탐험대는 오늘날 오리건 주 애스토리아 부근의 소나무 숲에 머물기로 결정하고, 캠프를 세운 후 '클랫솝 요새'라고 이름 지었다. 크리스마스가 되자 클라크는 "사카가웨어가 내게 털이 흰 족제비 꼬리 스무 개를 선물하였다."라고 일지에 기록하며 들뜬 기분을 감추지 않았다. 크리스마스 저녁에는 상한 사슴 고기로 만든 만찬을 먹었다.

1806년 새해 초, 원주민 몇 명이 요새로 찾아와 죽은 고래가 근처 해안으로 떠밀려 왔다고 알려 주었다. 남자 대원들이 곧 그곳으로 출발하려고 부산스럽게 준비하는 모습을 지켜보던 사카가웨어는 탐험이 시작된 이래 처음으로 불만을 쏟아 놓았다. 자신도 끝없이 펼쳐진 바다를 보리라는 희망을 안고 길고 긴 여정을 견디며 여기까지 왔노라는 호소였다.

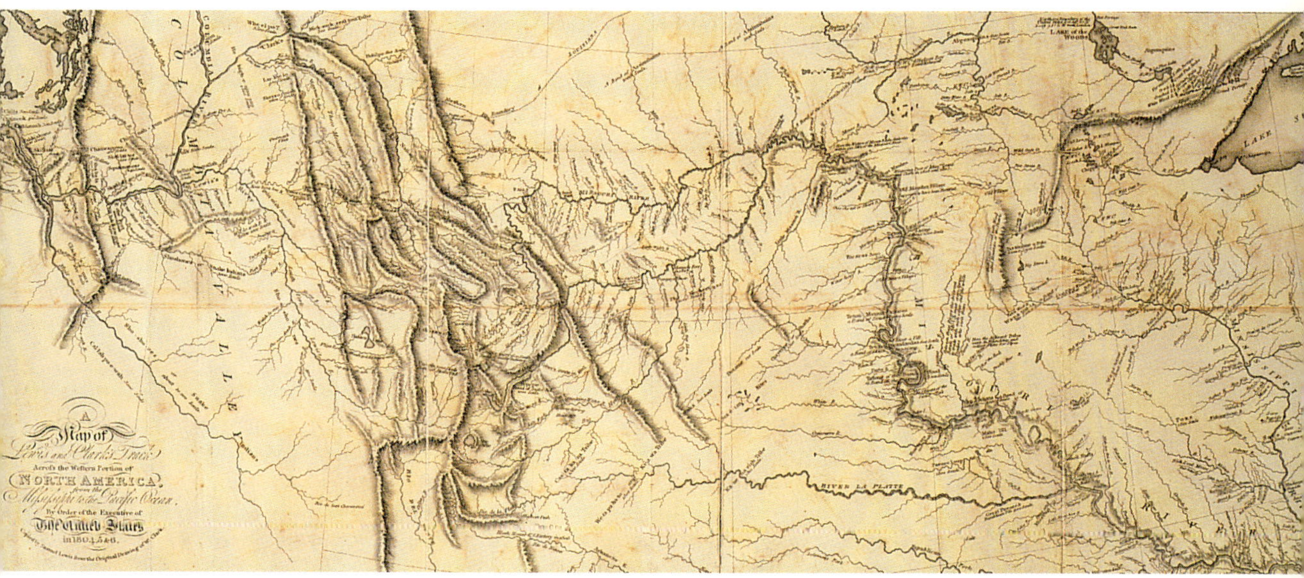

북아메리카 대륙을 횡단한 루이스와 클라크가 만든 지도. 이 지도만 보아도 그들의 탐험이 얼마나 험난했는지 짐작할 수 있다. 미주리 강과 태평양 사이에 단 하나의 산맥만 있을 것이라는 당초의 예상과는 달리, 로키 산맥과 캐스케이드 산맥, 코스트 산맥이 매번 탐험대의 앞길을 가로막았다.

"게다가 거대한 괴물 물고기를 볼 기회까지 생겼는데 자신을 데리고 가 주지 않는다면 정말 속상할 것이라고 그녀는 생각했다."

클라크는 그날 일에 대한 사카가웨어의 입장을 이렇게 적었다. 결국 클라크는 이 호기심 많은 동료도 함께 데리고 가기로 결정하였다.

요새에서 겨울을 나는 동안 클라크와 루이스는 탐험 일지를 정리하고, 그동안 측정한 방위와 위도, 경도들을 바탕으로 대형 지도를 그리는 일에 전념하였다.

1806년 봄이 되자 디스커버리 탐험대는 클랫숍 요새를 떠나 동쪽을 향해 귀환 길에 올랐다. 사카가웨어 역시 이제 막 걸음마를 시작한 아들을 안고 따라나섰다. 돌아올 때는 갈 때보다 한결 수월한 길을 발견하였다. 클라크의 기록에 따르면 그들은 "탐험 기간 내내 훌륭한 안내인 몫을 톡톡히 해 온 이 인디언 여자의 의견을 따라 남쪽으로 더 내려가 산과 산 사이에 난 좁은 길"을 지나왔다고 한다.

탐험대가 맨던 족 지역으로 다시 돌아왔을 때는 8월이었다. 그곳부터는 샤르보노와 사카가웨어가 탐험대와 길을 달리해야 했으므로 루이스와 클라크는 약속대로 샤르보노에게 500달러를 지불하였다. 사실 탐험대에게 "특별히 큰 도움을 준 장본인은 사카가웨어였지만" 그녀에게는 아무런 대가도 주어지지 않았다. 그러나 1812년경 사카가웨어가 열병을 앓다가 죽자 클라크는 그녀의 아들 장 바티스트를 입양해서 키웠다. 장 바티스트는 자라서 유럽으로 건너가 독일의 한 왕자를 위해 일했다.

동부로 귀환한 루이스와 클라크에게는 명예와 명성이 기다리고 있었다. 클라크는 결혼한 뒤 첫아들을 얻고, 친구 루이스의 이름을 따 메리웨더라는 이름을 지어 주었다. 그러나 루이스는 클라크가 결혼한 후부터 우울증에 빠졌다. 영광스런 자신의 과거와 옛 친구를 그리던 루이스는 그동안 써 왔던 탐험 일지마저 마무리할 수 없었다. 1809년 루이스는 총상을 입고 숨졌는데 자살이었을 것이라 한다.

루이스와 클라크가 만든 지도들은 오래전부터 북아메리카 대륙에서 살아온 인디언 원주민들의 삶을 완전히 바꾸어 놓았다. 북아메리카 대륙은 더 이상 모든 이들의 땅이 아니었다. 이제 수많은 경선과 위선에 포획된 북아메리카 대륙 서부의 광활한 땅은 백인들의 손아귀로 들어갔다. 루이스와 클라크의 탐사 후 새로운 종류의 지도 제작자들이 수없이 서부로 몰려들었다. 그들은 거리 측정기와 말뚝을 가져다가 새로 들어설 마을의 경계를 표시하고, 그 땅을 백인 정착민들에게 팔기 시작하였다.

북아메리카의 지도는 이렇게 계속 바뀌어졌다. 사람들은 더 이상 모닥불이 타고 난 잿더미 위에 거칠게 굽이치며 흐르는 강을 표시하거나 들소 사냥을 하기에 좋은 지역의 위치를 그리지 않았다. 또한 탐험을 통해 조사한 내용들을 거대한 미개척지 지도에 옮길 일도 없어졌다. 그 대신 그들은 개인 소유지, 마을 경계, 목장들을 표시한 부동산 지도를 그리기 시작하였다. 그리고 얼마 후에는 새롭게 형성된 도시와 도시를 잇는 고속도로를 표시한 도로 지도가 등장하였다. 한때 톰슨이나 루이스, 클라크 같은 사람들이 인적이 미치지 않은 드넓은 서부 어딘가에서 일렁이는 모닥불 빛을 받으며 그렸던 지도들은 이제 인디언 원주민들의 지도와 나란히 사료 보관소나 박물관 한 모퉁이에 전시되어 있을 뿐이다.

그러나 원주민들의 지도 이야기는 아직 끝나지 않았다. 그 이야기의 마지막 장에는 마치 죽은 사람이 다시 살아 돌아온 것과 같은 대반전이 기다리고 있다.

1987년, 켄 물도에와 델가무우크가 이끄는 브리티시 컬럼비아 지역의 원주민 깃크산 족과 수텐 족은 조상 대대로 살아오던 그들의 땅을 되찾기 위해 브리티시 컬럼비아 주와 캐나다 정부를 상대로 소송을 제기하였다. 그들은 오래전부터 부족 내에서 이야기나 노래로 전해 내려오는 이른바 '구술 지도'를 땅의 소유권에 대한 증거로 채택해 줄 것을 법원에 호소하였다. 이에 대해 지방 법원은 노래나 이야기 형식의 지도는 내용이 모호

할 뿐만 아니라 묘사된 땅들이 서로 중복되기도 하므로 증거로 받아들일 수 없다며 소송을 기각하였다.

그러나 델가무우크와 동료들은 캐나다 대법원까지 소송을 끌고 갔다. 1996년, 캐나다 대법원은 이야기와 노래로 전해 내려오는 구술 지도들도 유럽식 지도와 동일하게 고려되어야 한다는 판결을 내렸다. 이 판결은 하나의 전환점이 되었다. 이후 다른 부족들도 '델가무우크 판례'에 힘입어 조상들의 땅을 되찾게 된 것이다. 그 한 예로 니스가 족은 브리티시 컬럼비아의 12만㎢에 이르는 나스 강 계곡의 땅을 되찾았다.

인디언 원주민들의 지도는 결코 생명이 끊어진 것이 아니었다. 그 지도들은 단지 긴 잠에 빠져 있다가 이제 막 깨어나기 시작했을 뿐이다.

바다 속 지도를 만든 사람들

맑게 갠 어느 날, 영국 해군 선박 챌린저호가 아조레스 섬 앞바다에 닻을 내리고 멈추어 선다. 탐사선의 선원들은 이곳에서 해류의 속도와 수온을 측정하고, 해저에서 여러 가지 표본들을 채취할 것이다. 잔잔하게 불어오는 무역풍이 챌린저호를 조금씩 동쪽으로 밀어내므로, 배에 탄 과학자들이 차질 없이 각종 수치를 측정하기 위해서는 배가 고정된 위치에 머물도록 엔진을 가동시켜 두어야 한다. 챌린저호에 탄 화학자 존 부캐넌이 훗날 "1873년 2월 15일, 북위 25도 45분, 서경 20도 14분 지점 바다 위에서 해양학이 탄생하였다."라고 기술하였듯이 이때까지만 해도 해양학은 별도의 학문으로 구분되지 않은 상태이다.

챌린저호에서 로프를 풀어 탐사 장비를 해저 깊숙이 내리는 데만도 몇 시간이 걸린다. 감긴 로프가 풀려 나갈 때 내는 끽끽거리는 기계음이 사람들의 귓전을 자극한다.(그 소리는 탐사가 계속되는 삼 년 내내 선원들을 괴롭힐 것이다.) 5km 아래 해저로부터 표본을 채취해 다시 끌어올리는 데도

네 시간이 걸린다. 캐나다의 온타리오에서 왔다는 곱슬머리 의학생 존 머리는 늦은 오후가 되어서야 사람들이 모두 모여 있는 갑판 위로 올라간다. 해저에서 긁어 올린 45㎏에 달하는 불그레한 흙이 갑판 위에 펼쳐지지만 그 속에서 생물체의 흔적은 보이지 않는다.

참으로 실망스러운 일이다. 아마 존 머리의 입에서는 가벼운 탄식이 흘러나왔을 것이다. 바다 저 아래는 과연 어떤 생명체도 존재하지 않는 그저 텅 빈 공간이란 말인가?

왼쪽 끝에 서 있는 알베르 대공이 표본 채집한 상어를 들어 보이고 있다.

알베르 대공과 바다

지중해에 위치한 조그만 나라 모나코 공국의 알베르 대공은 상상력이 뛰어난 한 개인이 해양 연구에 얼마나 큰 성과를 이루어 낼 수 있는지 증명해 보인 대표적인 예이다. 1873년 9월, 알베르 대공은 해류의 이동 경로를 파악하겠다는 야심 찬 계획을 가지고 히론델레(제비라는 뜻)라는 범선에 올랐다. 배가 아조레스 앞바다에 이르자 대공은 유리병과 맥주 통들을 바다로 던졌다. 병과 맥주 통 속에는 그것을 발견한 장소를 적어서 꼭 되돌려보내 달라는 글이 담겨 있었다. 알베르 대공은 몇 년에 걸쳐 총 1,700여 개의 병을 영국과 캐나다 뉴펀들랜드 인근 바다에 띄웠다. 되돌아온 병은 227개에 불과했지만 그 병들을 통해 북대서양 해류가 시계 방향으로 움직인다는 사실이 밝혀졌다.

북대서양 해류는 멕시코 만에서 북쪽으로 이동해 대서양을 건너 영국 부근에 닿게 되는데, 거기서부터 한 갈래는 북쪽으로 갈라져 나가고 다른 갈래는 남쪽으로 방향을 틀어 다시 대서양을 가로질러 순환한다는 사실이 확인되었던 것이다. 독일이 제1차 세계 대전 중에 유럽 해안에 설치한 수뢰들이 사라져 버렸을 때였다. 알베르 대공은 유실된 수뢰들이 해류를 타고 대서양 서쪽으로 흘러갔다가 다시 유럽 해안으로 되돌아올 것이라고 예측하였다. 그의 예상대로 60개가 넘는 수뢰들이 해류를 타고 되돌아와 유럽 해안에서 발견되었다.

한번은 이런 일도 있었다. 알베르 대공이 아프리카 근해에서 고래 사냥을 할 때였다. 작살을 맞고 죽은 고래의 입이 벌어지더니 방금 전 심해에서 먹은 먹이들이 둥둥 떠올랐다. 이 광경을 넋을 잃고 바라보던 알베르 대공은 즉시 구명보트를 내려 토사물들을 떠오게 하였다. 고래의 토사물에서는 다섯 가지나 되는 새로운 오징어 종이 발견되었다.

지난 수천 년간 인간은 수도 없이 바다 위를 오갔지만 정작 바다 아래에는 무엇이 있는지 아는 바가 거의 없었다. 오대양 중 수심이 가장 얕다고 알려진 인도양만 하더라도 평균 수심이 4,000m에 이른다. 만일 누군가가 해저를 조사하기 위해 어두컴컴한 바다 밑으로 내려간다고 해도 얼마 지나지 않아 높은 수압을 견디지 못하고 장비들과 함께 으스러지고 말 것이다.

19세기 말에 이르러서야 사람들은 해저 지도를 그리기 시작하였다. 몇몇 나라에서 해저 통신 케이블을 설치하면서 정확한 해저 지도의 필요성이 제기되었던 것이다. 이에 따라 미국, 영국, 프랑스, 독일, 스칸디나비아 각 나라들은 탐사대를 파견해 바다 밑을 탐사하기 시작하였다.

해저 지도라면 프랑스의 지도 제작자 필리프 뷔아쉬가 1752년에 영국 해협의 해저 등고선을 보여 주는 지도를 만든 적이 있었다. 그리고 1855년에는 미국 해군의 지도 보관소 소장인 매튜 모리가 고래잡이 선박과 미 해군함이 수심을 측정한 자료들을 모아 세계 최초로 대서양 바다 밑을 등고선으로 나타낸 지도를 만들었다. 모리는 대서양 한가운데의 바다 밑에서 해저 산맥을 발견하고 '중앙 해저' 또는 '돌고래 언덕'이라는 이름을 붙였다. 그러나 모리가 수집한 정보들에는 한계가 있었다. 모리는 수심이 1,000길(1.8km)보다 깊은 바다 중 단지 이백 군데의 수심 자료만을 이용해 대서양 해저 지도를 만들었기 때문이다. 당연히 지도의 여기저기에 의문 부호가 표시될 수밖에 없었다.

사실 과학자들은 깊은 바다 속에 어떤 생물이 살고 있는지 늘 궁금해하였다. 영국의 권위 있는 박물학자 에드워드 포브스는 깊은 바다는 아주 차고 어두우며 아무 생명체도 존재하지 않는 텅 빈 공간일 뿐이라고 단정하였다. 반면 진화론의 아버지 찰스 다윈은 바다야말로 생명 탄생의 비밀이 숨겨져 있는 곳이라고 주장하였다.

1871년, 미국 정부가 심해 탐사단을 파견하기는 하였으나 그리 큰 성과를 거두지는 못하였다. 그런데도 영국은 이 일로 국가적 자존심이 크게 훼손되었다고 생각하였다. 영국 에딘버러대학교의 위빌 톰슨 교수는 "경쟁국들이 모든 것을 차지하고 있건만 영국은 속수무책일 뿐이다. 이러고도 해양 제국으로서의 면모를 갖추었다고 하겠는가?"라며 해저 탐험에 적극적이지 못했던 영국 정부를 강하게 비난하였다.

긴급한 상황이라고 판단한 영국 정부는 즉시 탐사대를 구성하였다.

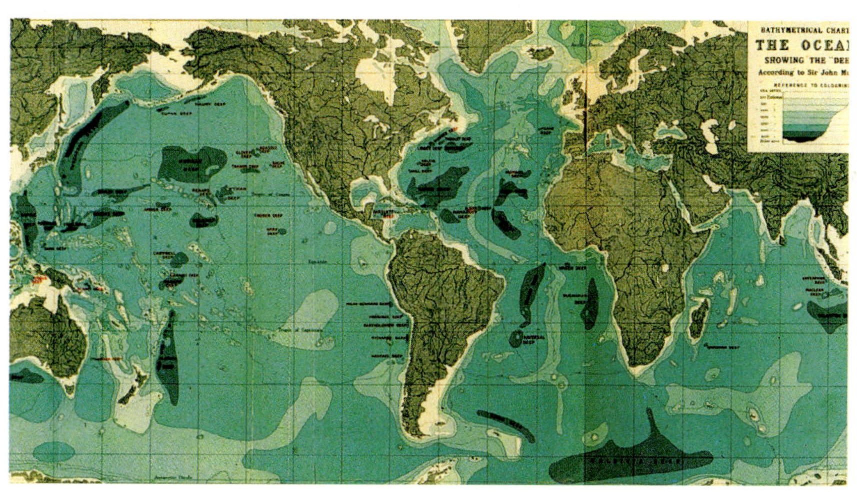

챌린저호의 역사적인 항해로부터 20년이 흐른 뒤 '존 머리 경의 전 세계 대양 수심 지도'가 완성되었다. 챌린저호는 전 세계 바다 중 364곳에 정박해서 해저 퇴적물을 채취하고 수심을 측량하였다. 존 머리 경은 챌린저호에서 조사한 내용뿐 아니라 다른 배들로부터도 정보를 수집해 지도를 완성했다.

전 50권으로 이루어진 챌린저호 보고서에 실린 목판 그림. 챌린저호가 수심을 측정하기 위해 준비하고 있다. 챌린저호에는 총 길이 230km에 달하는 삼줄과 20km의 피아노 줄이 마련되어 있었다.

그들은 해군 소형 고속함 H.M.S. 챌린저호에 최신 장비를 갖춘 실험실과 심해 바닥의 퇴적물을 퍼 올리는 로프 장치(권양기)를 설치하였다. 톰슨 교수가 챌린저호에 승선하였고 캐나다 출신 제자 존 머리도 막바지에 탐사대에 합류하였다. 그들에게 주어진 임무는 해류와 해저 지형에 대한 정보를 수집하고 해양 생물을 연구하며 깊은 바다 속에는 생물체가 존재하지 않는다는 주장을 증명하는 것 등이었다.

　　1872년 12월 21일, 영국을 출발한 챌린저호는 아조레스 제도 앞바다
에서 처음으로 해저 퇴적물을 채취하였으나 별 성과를 거두지 못하고 방
향을 바꾸어 대서양을 가로질러 항해하였다. 이듬해 3월, 서인도 제도 인
근에서 두 번째로 해저 퇴적물 채취를 시도하였다. 바다 밑으로 로프를
풀어 내리는 기계음이 한참 동안 요란하더니 또다시 한 무더기의 해저 퇴
적물을 퍼 올리는 소음이 이어졌다.

　　선원들이 해저에서 퍼 올린 진흙 무더기를 체에 올려놓고 좌우로 흔들
자 망을 빠져나가지 못한 덩어리가 체에 남았다. 선원들이 그 덩어리에서
무언가를 발견하고 고함을 지르자 모두들 그리로 달려가 빙 둘러섰다. 일

19세기 독일에서 발간된 해양학 서적 『다
스 미어(바다)』. 해저에 사는 이상한 모양
의 생물체들이 그려져 있다.

찍이 어느 누가 지렁이같이 하찮은 벌레를 보면서 이렇게 행복해하고 감동한 적이 있을까? 챌린저호 갑판에 둘러선 사람들이 바로 그랬다. 깊은 바다에서 퍼 올린 해저 퇴적물을 체로 거르다가 모래 속에서 꿈틀거리는 흐물흐물한 점액질의 생물체를 발견한 것이었다. 흐느적거리며 번들거리는 지렁이 같은 이 벌레는 역겨운 모양이었으나 살아 있는 생명체임이 분명하였다.

깊은 바다 속에는 살아 있는 생물체가 존재하지 않는다는 이론이 틀렸음을 한순간에 증명한 챌린저호의 대원들은 계속해서 바다의 온도와 해류의 속도를 측정해 나갔다. 고체 위를 흐르는 물은 한 방향을 향해 수평으로 이동하게 마련이다. 하지만 바다에서는 해류가 아래위로 더 자유롭게 움직인다. 챌린저호의 과학자들은 북대서양에서 위도와 수심이 같은 두 지점의 수온을 비교해 보고, 동쪽(유럽 쪽)의 수온이 서쪽(북아메리카 쪽)보다 몇 도가량 더 높다는 사실을 확인하였다. 이런 차이가 나타나는 이유는 무엇일까? 혹시 매튜 모리가 '돌고래 언덕'이라고 표시한 지점에 해저를 가르는 어떤 벽이 존재하는 건 아닐까? 챌린저호의 과학자들은 이것이 얼마나 거대한 해저 산맥으로 밝혀지게 될지 전혀 예측할 수 없었다.

챌린저호가 태평양을 향해 항해하던 1874년 초, 존 머리는 해저 전문가로 그 배에 타고 있었다. 바다 아래에서 채취한 새로운 해저 퇴적물이 갑판 위에 쏟아질 때마다 그는 그것들이 거친지 미끈거리는지 확인하기 위해 손으로 집어 문질러 보았다. 때로는 코를 바짝 들이대고 냄새를 맡거나 맛을 보기도 하였다. 마치 포도주 감별사가 각종 포도주를 정확하게 판단하듯 존 머리는 해저 퇴적물을 보기만 해도 그것이 어느 바다에서 채

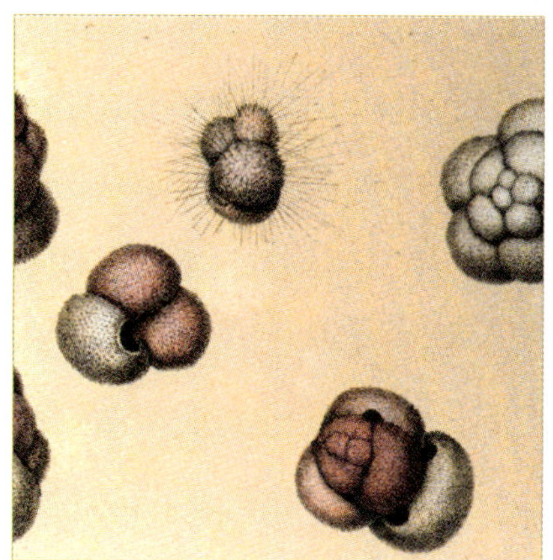

챌린저호의 선원과 과학자들은 대서양과 태평양에서 채취한 해저 퇴적물들을 꼼꼼히 체로 걸러 가며 조사하였다(왼쪽). 그들은 수많은 생물체의 표본을 발견하였는데(오른쪽) 그때까지 세상에 알려지지 않은 전히 새로운 것들이었다.

취된 것인지 거의 틀림없이 알아낼 수 있었다. 예를 들어 토마토처럼 뻘건 진흙은 대개 남대서양 깊은 바다에서 채취한 것으로 보면 틀림없었다. 반면 오스트레일리아 앞바다의 해저 퇴적물에는 흔히 산호에서 잘려 나간 작은 조각 위에 망간 부스러기가 들러붙어 마치 감초 뿌리처럼 보이는 검은 덩어리들이 섞여 있게 마련이었다.

그러나 해저 전문가 존 머리도 태평양의 괌 인근에서 깊은 바다의 수심을 측정하던 그날 일만큼은 도저히 예측하지 못했을 것이다. 챌린저호는 여러 날 동안 수심 2,300길이 넘는 깊은 바다 위를 항해하고 있었다. 그날도 여느 때처럼 바다 속으로 로프를 내렸는데 로프가 멈추지 않고 계속 풀려 나갔다. 4,000길(약 7km), 4,500길(약 8km)을 넘겼는데도 로프는 멈추지 않았다. 혹시 로프가 해저를 흐르는 강력한 해류에 휩쓸려 수직이 아니라 비낀 방향으로 마냥 풀려 내려가는 것은 아닐까? 로프는 4,575길 (약 8.5km)에 이르러서야 멈추었다. 그날 챌린저호는 지구상에서 가장 깊은 바다 중의 한 곳에 정박해 있었던 것이다. 그곳은 거대한 마리아나 해구의 한쪽 끝, 오늘날 '챌린저 해연'이라 불리는 곳이었다. 평균 수심이 7, 8km에 이르는 마리아나 해구 중 어떤 지점은 깊이가 6,000길(약 11km)에 이르는 곳도 있다.

로프를 끌어올려 해저에서 퍼 올린 퇴적물을 현미경으로 관찰한 결과, 붉은 진흙에서 아주 작은 조개들이 발견되었다. 아무리 깊은 암흑의 심해일지라도 생명체가 살고 있었던 것이다.

1876년, 드디어 챌린저호가 영국으로 귀환하였다. 그동안 챌린저호는 총 111,000km를 항해하면서 1,441점의 바닷물 표본과 13,000종의 새로운 바다 동식물을 채집하였다.

젊은 해양학자 존 머리가 50권 분량의 『챌린저 보고서』(원래 제목은 '조지 네어스 선장, 그리고 후반부에는 프랭크 타오를 톰슨 선장의 지휘 아래 1873~76년에 수행된 H.M.S. 챌린저호 탐사에 대한 과학적 연구 보고서')의 집필을 맡았다. 존 머리는 훗날 태평양의 섬들에 풍부하

존 머리는 해양학을 발전시키고 수많은 해저 수수께끼를 밝혀 내 인류의 지평을 넓힌 공로로 영국 정부로부터 기사 작위를 받았다.

게 널린 인산염을 비료로 만들어 큰돈을 벌었는데, 해저 탐사 기금으로 많은 재산을 내놓았다. 그는 해저 케이블을 설치하는 통신 회사나 해저 바닥 준설 작업과 관련된 사람들로부터 계속해서 해저 퇴적물 표본을 수집하였다. 1886년, 존 머리는 세계 최초로 대서양, 태평양, 인도양의 해저 지형도를 만들었다. 그의 해저 지도들 중에서 가장 포괄적인 내용을 담고 있는 것은 1895년에 제작된 『챌린저 보고서』 마지막 권에 실린 지도였다. 해양 연구에 대한 공로로 기사 작위를 받은 존 머리 경은 1912년에 11,000점이 넘는 해저 퇴적물 표본에 대한 연구를 마치고 『대양의 깊이』 라는 책을 출간하였다.

1899년, 존 머리는 모나코의 알베르 대공을 위시한 전 세계 10여 개국의 과학자들과 함께 국제 지리학회를 결성해 국제 표준 해양 지도를 만들기로 하였다. 존 머리 경의 해양 지형도를 포함해 최근에 제작된 지도들을 모아 정리하는 작업은 알베르 대공이 맡아 진행하였다. 학회 운영에 소요되는 재정적인 지원 역시 그의 몫이었다. 알베르 대공은 국제 수로국도 설립하였는데, 모나코에 본부를 둔 이 기구는 지금까지도 최신 자료에 따라 해양 지도들을 개정하는 일을 해 오고 있다.

20세기 초에 개발된 수중 음파 탐지법은 해양학자들이 해저 지도를 만드는 데 더없이 유용하였다. 음파를 이용한 지도 제작에 선구적인 역할을 한 사람은 알베르 대공이었다. 1930년대에는 존 머리의 이름을 딴 영국의 한 탐사대가 수중 음파 탐지법으로 아라비아 해 인근의 해저 지도를 그렸고, 가운데가 갈라진 것 같은 분열선이 나타나는 해저 산맥을 발견하였다.

수심 측량

배가 얕은 물에서 좌초되는 사고가 끊이지 않자 사람들은 수심을 측량해 지도를 만드는 일이 중요하다는 사실을 깨달았다. 사실 항해하는 사람들은 수천 년 전부터 무거운 납덩이가 달린 줄을 배 옆으로 늘어뜨려 물의 깊이를 가늠해 왔다. 19세기까지만 해도 해저 탐사는 이런 방식으로 진행되었다.

1912년, 캐나다 동쪽 바다에서 거대한 타이타닉호가 빙산에 부딪쳐 바다에 침몰하는 참사가 발생하였다. 이 소식을 들은 라디오 연구 분야의 개척자 레지널드 페센덴은 선원들이 빙산을 피할 수 있도록 도와주는 기계를 고안해 냈다. 그것은 수중에 음파를 쏘아서 빙산의 접근을 미리 포착할 수 있는 발진기였다. 박쥐나 돌고래가 어떤 물체에 반사되어 되돌아오는 음파를 감지해 장애물을 피하고 길을 찾는 것과 같은 원리이다. 이와 같이 페센덴의 음파를 이용해 빙산을 파악하고, 한 걸음 더 나아가 바다 저 아래 어두운 곳에 누워 있는 해저 산맥 같은 바다 속 지형도 알아낼 수 있게 된 것이다. 수중 음파 탐지법의 개발을 계기로 해저 지도 제작 분야는 가히 혁명적이라 할 만큼 급속도로 발전하게 되었다.

제2차 세계 대전이 발발하는 바람에 각국의 탐사 작업은 중단되었다. 그 뒤 1940년대 후반에 미국 컬럼비아대학교의 모리스 유잉과 제자 브루스 헤젠이 한때 돌고래 언덕이라고 불리던 대서양 중앙 일대의 해저를 음파로 탐지하였다. 유잉과 헤젠이 측정한 기록들은 동료인 마리 타프에게 넘겨져 1953년부터 지도 제작에 들어갔다.

타프가 지도 작업을 시작한 지 얼마 지나지 않아 고개를 갸우뚱할 만한 희한한 일이 생겼다. 한때 영국의 존 머리 탐사단이 확인했던 것과 같은 이상한 해저 산맥(가운데 분열선이 있는)이 지도상에 모습을 드러낸 것이다. 가운데 골짜기는 그랜드 캐니언만큼이나 깊었다. 타프는 몇 달에 걸쳐 유잉과 헤젠을 설득해 이 해저 산맥에 대해 더 알아보게 하려고 하였지만 그들의 마음을 움직이기가 쉽지 않았다. 마침내 타프의 요청을 받아들여 다시 확인해 본 유잉과 헤젠은 자신들이 거대한 그 무엇을 보고 있다는 사실을 깨달았다. 사실 해저에는 지구가 어떻게 생성되었는지에 대한 비밀이 감추어져 있다. 거대한 분열선들은 지구의 표면을 구성하는 거대한 판들이 서로 맞부딪쳐 양쪽으로 해저 산맥을 이루면서 형성된 골짜기이다.

1957년, 타프와 헤젠이 해저 지도를 완성하였다. 바닷물이 모두 빠져 나갔다고 가정했을 때 생생하게 드러날 해저의 모양을 나타낸 이 지도는 지리학 분야에 획기적인 발전을 가져왔다. 이제서야 비로소 인류는 대서양 한가운데를 가로지르는 M자 모양의 단면을 가진 거대 산맥의 실체를 알게 되었다. 그것은 북극해, 남극해, 인도양 그리고 태평양 바다까지 연결되는 거대한 해저 산맥이었다. 이 해저 산맥의 총 길이는 65,000km로 사실상 지구 전체를 둘러싸고 있다. 지구의 표면을 구성하는 거대 판들은 가장자리가 서로 부딪쳐 밀어 올려지거나 서로 떨어져 나가는 운동을 끊임없이 반복하고 있다. 이 거대 판들의 이동에 따라 지진이 발생하기도 하고, 바다 속에 마리아나 해구 같은 깊은 골이 형성되기도 한다. 판이 서로 떨어져 나가는 곳에서는 화산이 폭발해 새로운 섬이 만들어지기도 한다. 오늘날 우리에게 알려진 대서양 중앙 해령은 지구를 둘러싸고 서로

유잉과 헤젠, 타프의 공동 작업으로 완성된 해저 지도. 이 지도를 통해 바다 속에는 지구 전체를 둘러싼 거대한 산맥이 있다는 것이 밝혀졌다.

부딪히거나 마찰하면서 우리가 살고 있는 지구의 모양을 잡아 주는 하나의 거대한 띠이다.

지구 표면의 4분의 3은 바다로 뒤덮여 있다. 만일 알베르 대공이나 존 머리 경 같은 사람들이 푸른 바다 물결 아래 감추어진 해저 세계를 지도로 그려 내지 않았다면, 지구 생성의 수수께끼는 여전히 밝혀지지 않은 채 깊은 어둠에 묻혀 있었을 것이다.

스파이가 그린 비밀 지도들

1865년 초 몹시 추운 어느 날, 한 무리의 대상이 티베트 남쪽의 바위투성이 길을 터벅터벅 지나가고 있다. 그들은 세계에서 가장 높고 외진 곳에 위치한 도시 중 하나인 티베트의 수도 라싸를 향해 걸어가는 중이다. 주로 면화와 담배를 싣고 라싸로 향하는 이들은 가져간 물건들을 야크 털이나 붕사, 염소 등과 교역하려는 상인들이다. 이 일행 중에 불교 순례자 차림의 잘생긴 젊은이가 보인다. 한 손에 염주를 들고 깊은 생각에 잠겨 나지막이 "옴 마니 반메 훔(연꽃 속의 보석이여!)"을 읊조리며 걷는 이 젊은이는 영락없이 신앙심 깊은 수행자의 모습이다.

그러나 만일 다른 일행들이 좀 더 주의 깊게 살펴본다면 이 수행자의 행색에서 뭔가 이상한 점을 발견하게 될 것이다. 보통 염주는 108개의 알을 꿰어 만들게 마련이지만, 이 순례자의 손에 들린 염주는 알이 100개인데다 열 번째마다 다른 것들보다 조금 큰 알이 꿰어져 있다. 젊은이가 불경을 새겨 손으로 돌리는 마니차의 갈라진 틈새로 조그만 종이 쪼가리를 밀어 넣는 모습도 예사롭지 않다. 이를 수상하게 여긴 일행들이 마니차를 조사한다면 아마도 나침반을 발견하게 될 것이다. 그가 들고 있는 순례자 지팡이에는 작은 온도계가 감춰져 있다. 다행히 아무도 이 인도 출신의 판디트, 나인 싱을 주시하지 않는다.

싱은 불교 승려가 아니다. 영국 첩보 당국은 그를 '넘버원'이라는 암호명으로 부른다. 영화 속에 나오는 007처럼 준수한 외모에 최신 첩보 장비를 갖춘 싱은 죽음도 두려워하지 않는 용기를 지닌 사람이다.

인도를 지배해 오던 영국은 19세기 후반에 인도의 거의 전 지역을 측량해 지도를 완성하였다. 그러나 세계에서 가장 높은 히말라야 산맥이 가로막고 있는 북쪽 끝, 티베트만은 지도에 그려 넣을 수 없었다. 중앙아시아에 눈독을 들이는 러시아도 영국이 티베트 지역을 지도로 그리는 데 큰 장애물이었다. 한편 중국은 러시아든 영국이든, 티베트의 지형을 먼저 파악해 지도를 만드는 나라는 곧이어 그 땅을 집어삼킬 것이라는 사실을 잘 알고 있었다. 따라서 중국 황제는 당국의 허락 없이 티베트로 잠입하는 외국인, 특히 유럽 인은 어느 누구를 막론하고 사형에 처한다는 칙령을 공포하였다.

당대의 가장 야심 찬 지도 제작 계획이라고 할 수 있는 '인도 대측량 사업'을 지휘하던 영국은 북쪽 티베트 일대를 빈 공간으로 남겨 두고 싶지 않았다. 그래서 그 지역 사람들로부터 닥치는 대로 지도를 사들였지만, 여전히 더 정확한 정보가 필요하였다. 영국 정부의 입장에서는 영국

누비이불 지도

잠시 1800년대로 돌아가 여러분 자신이 미국 남부의 어느 숲 속을 헤매는 도망 노예라고 생각해 보라. 뒤를 쫓는 개들이 사납게 짖는 소리, 덤불숲을 헤치며 긴박하게 움직이는 노예 추적꾼들의 발자국 소리가 점점 가까이 다가온다. 잠시 후 저 위로 누비이불이 내걸린 오두막이 눈에 들어온다. 누비이불의 무늬는 한눈에 알아볼 수 있다. 바로 돛단배 무늬이다. 이 무늬는 곧장 강물을 건너가라는 비밀 암호이다. 조금 더 가니 과연 강이 나오고, 조그만 뗏목 하나가 준비되어 있다. 뗏목을 타고 강을 건너 또 다시 달리기 시작한다. 이제는 어둠과 함께 하늘에 깔리기 시작한 무수한 별들 중에서 북두칠성을 찾을 차례이다. '표수박'이라고도 불리는 이 별자리를 찾으면 북쪽 방향을 알 수 있다. 이제 도망 노예인 여러분은 '표주박을 좇아서'라는 노래를 나지막이 읊조리며 자유를 찾아 북쪽으로 발걸음을 옮길 것이다.

미국 전역에서 노예 제도가 폐지될 때까지 약 육만 명의 흑인 노예들이 노예 제도가 금지된 북부나 캐나다로 도망하였다. 도망 노예들은 지도를 가져갈 수 없었다. 지도가 발각될 염려도 있었지만, 교육을 받지 못한 노예들은 지도를 볼 줄 몰랐으므로 가져간다 해도 소용없는 일이었다. 노예들에게는 북쪽으로 가는 길을 노랫말에 담아 부르거나, 누비이불 무늬로 지시 내용을 일러 주는 이른바 구술 지도들이 더 유용하였다. 이불에 그려진 무늬는 각각 암시하는 내용이 달랐다. '술주정뱅이 길'이라고 알려진 지그재그 무늬는 술 취한 사람처럼 왼쪽, 오른쪽으로 방향을 틀어 가며 가라는 뜻이다. 십자로 무늬는 오하이오 주의 클리블랜드 시를 의미한다. 만일 통나무집 무늬에 가운데가 검정색인 이불이 걸려 있다면, 쉬었다 가도 안전한 장소임을 확신해도 좋다.

1836년경, 지금의 우즈베키스탄 출신의 압둘 라힘이 그린 카슈미르 계곡 지도. 한 영국군 장교가
이 지도를 구입함으로써 영국은 자국의 영향력이 미치지 못하던 이 지역의 정보를 얻을 수 있었다.

인 측량사가 티베트에 들어갈 수 없는 상황이라면 현지인을 훈련시켜서라도 그 지역을 직접 측량해야만 했다.

영국은 지금의 네팔과 국경을 접하고 있는 인도의 조하르밸리에서 학생들을 가르치고 있던 판디트(판디트나 푼디트는 지식이 있는 사람, 또는 현인이라는 뜻.) 나인 싱을 선발하였다. 당시 서른 살이던 싱은 무역상의 아들로 어렸을 때 아버지로부터 티베트 어를 배웠으므로 이 비밀 임무에는 최고의 적임자라고 할 수 있었다. 1863년, 싱은 인도 대측량 사업 중에서도 가장 위험한 작업에 참여하기로 동의하고 먼저 데라둔에 있는 북부 본부에서 훈련을 받았다.

싱은 경위의, 육분의, 나침반, 온도계 등의 측량 장비를 다루는 기술을 익혔다. 그러나 싱이 지니게 될 가장 기본적인 측량 도구는 자신의 두 발이었다. 그는 이 년 동안 걸음걸이를 연습한 끝에 보폭을 약 79cm로 조절해 이천 걸음을 걸을 때마다 정확하게 1마일이 되도록 하는 방법을 터득하였다.

1865년 1월, 마침내 싱의 비밀 임무가 시작되었다. 춥고 바위투성이인 고원 지대를 통과하는 대상들 틈에 끼어 라싸로 향하게 된 것이다. 10월이 되자 대상 일행은 시가체에 도착하였다. 싱은 자신을 포함한 일행들이 그곳에서 판첸 라마를 알현해야 한다는 사실을 알게 되었다. 라마교의 부교주인 판첸 라마는 사람들의 마음속을 꿰뚫어 보는 능력이 있다고 알려진 인물이었다. 마침내 이 영국 첩자는 판첸 라마 앞으로 인도되었다. 화려한 승복을 입고 판첸의 자리에 앉아 있는 소년이 변장한 싱의 정체를 꿰뚫어 보았는지는 알 수 없지만, 아무튼 그는 아무런 내색 없이 싱을 축복해 주고 차까지 권하였다.

대상 일행은 라싸로 향하였다. 넘버원은 이천 걸음에 1마일이 되도록
보폭을 조절하면서 천 걸음을 걸을 때마다 손가락으로 염주 알을 하나씩
넘겼다. 또 그동안 여행한 거리와 현재 위치의 좌표를 비밀리에 기록해
마니차 속으로 밀어 넣었다. 그뿐이 아니었다. 그는 찻물을 끓일 때 지팡
이에 장치된 비밀 온도계로 끓는 물의 온도를 재는 방법으로 서른 곳이
넘는 지점의 고도를 측정하였다.

1866년 1월, 싱은 성곽으로 둘러싸인 라싸에 도착하였다. 싱은 그곳의
고도를 3,475m로 계산했는데, 이것은 나중에 정확하게 측정된 고도

싱과 킨텁이 활약한 인도 일대의 오늘날 지도.

용감하고 지혜로운 판디트 나인 싱이 측량한 각종 기록 덕분에 1868년, 인도 대측량 사업의 일원인 토머스 몽고메리 대위가 네팔(지도의 왼쪽)과 티베트(지도의 오른쪽 위)를 한 지도 안에 그려 넣을 수 있었다.

3,600m와 매우 근접한 수치였다. 라싸에 석 달간 머무는 동안 싱은 거리에서 사람들에게 그릇을 내밀어 음식을 탁발하는 등 전형적인 순례자의 모습으로 생활하였다.

넘버원이 라싸에 있는 것 자체가 언제 어떻게 될지 알 수 없는 위험한 행위였다. 그는 중국 측의 허가 없이 금단의 도시에 발을 들여놓은 자들이 공개 처형되는 장면을 목격하기도 하였다. 석 달이 지난 후 이제 탈출해야 할 시점이라고 판단한 이 지도 제작자는 서쪽으로 여행하는 대상 일행에 합류하였다. 그들 일행이 티베트를 벗어나자 넘버원은 창포 강을 따라 걸어온 800km 길을 지도로 그렸다. 그러던 어느 날 밤 어둠 속으로 은밀히 사라진 그는 데라둔을 향해 발길을 재촉하였다.

영국 첩보 당국은 1,900km에 걸친 비밀 탐험을 통해 싱이 조사한 내용과 그가 측정한 경도나 고도 같은 각종 수치들을 확보하게 되자 흥분을 감추지 못하였다. 영국은 "그는 이 시대의 어느 누구보다도 아시아 지도를 그리는 데 유용한 정보들을 많이 제공해 주었다."라며 싱을 치켜세웠다. 넘버원에게는 인도 제국의 작위와 훈장이 수여되었으며 포상으로 평생 연금이 지급되었다.

그런데 영국 정부로서는 아직도 풀어야 할 숙제가 있었다. 싱의 탐험으로 지도의 빈 공간을 마저 채워 넣을 수 있었지만, 한편으로는 새로운 의문이 생긴 것이다. 혹시 창포 강이 산지로 흘러들어 거대한 브라마푸트라 강에 연결되는 것은 아닐까? 이 의문을 해결하기 위해 영국 첩보 당국은 묘책을 생각해 냈다. 또 다른 인도인들을 히말라야 산지로 파견해 열흘 동안 하루에 통나무 50개씩을 창포 강에 떠내려 보내게 한다는 것이었다. 만일 매일 통나무 50개가 브라마푸트라 강으로 떠내려 온다면 창포 강과 브라마푸트라 강은 하나로 연결된 강이라는 사실이 밝혀질 터였다.

영국 측은 이번에는 진짜 라마 승려를 고용해 그를 도울 킨텁이라는 하인과 함께 히말라야로 보냈다. 불행하게도 이 라마 승려는 건달이었다. 그는 가지고 간 돈을 술 마시는 데 탕진했을 뿐 아니라 툭하면 킨텁에게 손찌검을 하였다. 그러고는 급기야 킨텁을 티베트 마을에 노예로 팔아넘긴 뒤 종적을 감추어 버렸다. 킨텁은 촌장 집의 노예가 되어 갖은 고생을

비밀 지도

지도는 정보를 제공한다. 그리고 정보는 곧 힘이다. 그러므로 오래전부터 지도에는 비밀 정보원이나 거짓, 변장의 역사가 담겨 있다. 항해왕 엔리케 왕자가 활약하던 시기, 포르투갈 사람들은 자신들이 확보한 아프리카 관련 정보들이 유출되지 않도록 철저하게 보안을 유지하였다. 한편 네덜란드와 이탈리아의 비밀 정보원들은 어떻게든 그 정보를 빼내려고 혈안이 되었다. 영국의 탐험가 월터 롤리 경도 그 대열에 끼어들었고, 포르투갈 지도 도서관에서 일하는 동생을 둔 콜럼버스도 예외는 아니었을 것이다.

16세기 당시 러시아는 시베리아의 지도를 외부에 팔아넘겼다가 적발되는 사람은 누구든지 사형에 처하였다. 허드슨베이 회사는 18세기 말엽까지도 캐나다의 지도를 공개하지 않았다.

20세기에 들어서서 서방 세력이 자신들의 공산주의 정권을 무너뜨릴 것이라는 위기의식에 빠진 소비에트 연방은 자국의 전략 도시들을 실제 위치보다 수백 마일 떨어진 지점에 그려 넣은 가짜 지도를 유포하였다. 제2차 세계 대전 당시 영국 정부는 항공사진 지도에서 공항이나 공장이 있는 지점을 벌판으로 위장하였다. 지도는 일차로 찍은 항공사진에서 은폐하려는 지점에 솜뭉치를 붙인 뒤 다시 찍는 방식으로 조작되었다. 그러면 사진에 붙인 솜뭉치가 구름처럼 찍혀 자연스럽게 위장되었던 것이다.

오늘날 미국 정부는 민감한 지역의 위성사진들을 공개하지 않으려고 한다. 또한 국제적으로 뜨겁게 공방 중인 티베트 국경 지역의 하이킹 지도를 구하는 일도 거의 불가능하다.

다 하였다. 이 년 후 마침내 탈출에 성공한 킨텁은 라마 승려가 팽개쳐 버린 임무를 대신 수행하겠다고 마음먹고 창포 강을 거슬러 올라갔다. 그는 추적꾼들을 피하기 위해 넉 달 동안이나 절에 숨어 있어야 했다. 그런 다음 숲으로 숨어 들어가 나무를 잘라서 통나무 500개를 마련하였다. 킨텁은 통나무들을 강기슭에 끌어다 놓고 하루에 50개씩 흐르는 강물에 던져, 인도 쪽의 강 하류에서 지키고 있을 영국인들이 통나무를 확인할 수 있도록 하였다.

그러나 이미 이 년이나 지나 버린 뒤라 인도 쪽에 있던 영국인들은 모두 철수한 상태였다. 그들이 약속한 장소를 지키고 있다가 통나무들을 발견했다면, 창포 강이 브라마푸트라 강이 된다는 사실을 확인할 수 있었을 것이다. 그러나 이미 그곳에는 아무도 남아 있지 않았다.

인도 땅을 떠난 지 사 년 만에 킨텁이 다시 돌아왔을 때 영국 첩보 당국은 자신들도 포기했던 일을 킨텁이 기어코 해냈다는 사실에 부끄러움을 느꼈다. 킨텁이라는 이름은 지금도 인도의 지도 제작자들에게는 헌신의 상징으로 기억되고 있다.

한쪽에서는 비밀 정보들을 지키려고 애쓰고, 또 다른 쪽에서는 자신들의 지도에 빠진 부분을 채워 넣기 위해 목숨까지 걸고 정보를 캐내려고 한다는 사실은 지도의 위력이 그만큼 크다는 것을 말해 준다 하겠다.

지도로 돈을 번 필리스 페어설

1935년 어느 날 밤, 영국 런던에는 비가 내리고 있다. 초상화 화가인 필리스 페어설은 실수로 버스를 잘못 타는 바람에 길을 잃는다. 학교 동창인 옛 친구 베로니카 노트의 집을 찾아가는 길인데 런던의 거리들은 하도 복잡해서 도통 어디가 어딘지 분간하기 어렵다. 사람들에게 물어보지만 아무도 정확한 길을 가르쳐 주지 못한다. 가까스로 베로니카의 집 앞에 당도하였을 때 필리스의 온몸은 비에 젖었고 시간도 꽤 흘러간 뒤이다.

"런던에서 택시를 타지 않고 길을 찾기란 거의 불가능해."

베로니카는 오리 구이에 포도주를 곁들인 저녁을 권하며, 물에 빠진 생쥐 꼴이 된 필리스를 위로한다. 필리스는 내일 당장 새로운 정보가 수록된 런던 지도를 사야겠다고 마음먹는다. 그러나 다음 날 시중에 나와 있는 지도들을 일일이 살펴보았지만 자기 마음에 똑 들어맞는 지도는 찾을 수 없다. 그녀는 수중에 남아 있는 얼마 안 되는 돈으로 자신이 원하는 지도를 만들기로 결심한다. 필리스의 지도 사업은 이렇게 시작된다.

1906년, 필리스 이소벨 그로스는 부유하지만 그리 행복하지 못한 런던 덜위치의 한 가정에서 태어났다. 사교적이긴 하나 까다로운 성격인 아버지 알렉산더 그로스는 돈을 벌기 위해 헝가리의 작은 마을을 떠나 영국에 정착한 유대인이었다. 그로스와 그의 아내 벨라는 '지오그라피아'라는 지도 제작 회사를 차리고 억척같이 일해서 사업을 성공시켰다. 지오그라피아는 당시 새로운 발명품인 자동차 운전자들을 위한 도로 지도를 만들었고, 그보다 더 최신 발명품인 비행기 조종사들을 위해 영국 최초로 항로 지도를 제작하기도 하였다. 또한 지오그라피아는 왕실 장례식 행렬의 이동 경로에서부터 제1차 세계 대전의 격전지에 이르기까지 신문에 실리는 거의 모든 지도를 만들었다.

큰돈을 번 알렉산더와 벨라는 두 아이, 필리스와 토니를 학비가 비싼 사립학교에 보냈다. 그러나 로딘 학교에 입학한 필리스는 친구를 사귀지 못해 어려움을 겪었다. 심술궂은 여자 아이들이 필리스를 돼지라고 놀렸기 때문이다.(필리스 이소벨 그로스의 첫 글자를 따면 영어로 돼지라는 뜻의 PIG

사업에 성공한 필리스의 아버지 알렉산더 그로스는 자신이 헝가리의 작은 마을 크수로그 출신이라는 사실을 감추고 싶어 했다. 필리스의 어릴 적 사진에서 볼 수 있듯이 알렉산더는 아이들에게 애완용 코끼리까지 사 주며 부를 과시하였다.

소비자를 위한 지도

사람들마다 필요로 하는 지도가 각각 다르다. 지오그라피아 사에서는 수학이나 지리학에 특별한 지식이 없는 일반인도 쉽게 이해할 수 있는 통계 지도나 단순한 도표 형식의 지도를 만들었다. 통계 지도의 전형적인 예는 1933년에 해리 벡이 제작한 런던의 지하철 노선도이다. 벡은 런던 지하에 거미줄처럼 얽혀 있는 지하철 노선을 사실 그대로 그린다면 누구도 알아보기 힘들 것이라고 생각했다. 그래서 벡은 모든 지하철 노선을 최대한 단순화시켜 직선과 45도 사선으로 그리고, 각 노선의 색을 달리해 쉽게 구분할 수 있게 하였다. 특히 각 역을 정확한 위치에 그리기보다는 역의 이름이 잘 보이게 배치하였다. 이후 뉴욕, 워싱턴, 토론토를 비롯한 전 세계 지하철에는 벡의 디자인을 본 딴 지하철 노선도가 걸리게 되었다. 이처럼 쉽게 그려진 지하철 노선도는 뜻하지 않은 부수 효과를 불러일으켰다. 알아보기 쉽게 단순화시킨 지하철 노선도 덕분에 사람들은 자신의 행선지를 찾아가는 데 훨씬 자신감을 갖게 되었고, 이로 인해 지하철 이용 승객이 크게 증가했던 것이다.

가 된다.) 그러나 미술에 소질이 많았던 필리스는 학교에서 교내 지리학상을 받는 등 두각을 나타냈다. 그러던 어느 날 교실에서 불려 나온 필리스는 부모의 회사가 파산하여 학교를 떠나야 한다는 통지를 받았다.

런던으로 돌아온 필리스는 자신의 부모들이 수입에 비해서 씀씀이가 컸다는 사실을 알게 되었다. 제1차 세계 대전으로 유럽 대륙의 국경선이 빠르게 바뀌는 바람에 지오그라피아에서 제작한 지도들은 점점 쓸모가 없게 되었고, 회사의 수입도 점점 줄어들게 되었다. 필리스의 아버지 알렉산더는 회사의 형편이 어려워질수록 모든 것을 다른 사람들의 탓으로만 돌렸다. 알렉산더가 아내 벨라를 해고시키자 그녀는 알코올 중독자 화가와 달아나 버렸다. 그러더니 얼마 후에는 알렉산더마저 새로운 지도 회사를 시작하겠다며 미국으로 떠나 버렸다.

필리스는 조부모와 살면서 개인 강사를 하며 생활비를 벌었고 오빠 토니는 예술가가 되어 파리로 이주하였다. 필리스도 오빠를 따라 파리로 갔지만 자존심이 강한 그녀는 차마 마룻바닥에서라도 자게 해 달라는 말을 할 수 없었다. 필리스는 결국 다리 밑에서 신문지를 덮고 자는 노숙 생활을 하게 되었다.

다행히 필리스는 영리하고 재능이 있었다. 그녀는 신문 기사를 쓰고 그림을 그려 팔아 돈을 벌었다. 1929년, 필리스는 오빠의 친구인 화가 딕 페어설과 결혼하였다. 그러나 필리스의 그림이 자신의 그림보다 인기가 있자 딕은 그녀를 질투하기 시작했다. 결국 육 년 후 필리스는 딕과 헤어져야 했지만 전 남편의 성만큼은 그대로 쓰기로 하였다. 이름의 첫 글자들을 따면 '돼지'가 되는 원래 성으로 돌아가 또다시 놀림거리가 되고 싶지는 않았기 때문이다.

런던으로 돌아온 필리스는 당장 먹고 살기 위해 돈을 벌어야 했다. 아버지 알렉산더가 뉴욕에서 지도를 발간해 큰 부자가 되었지만 필리스는 아버지 회사에서 일할 생각이 전혀 없었다. 언젠가는 어머니처럼 아버지 손에 밀려나게 될지도 모르는 일에 뛰어들고 싶지 않았던 것이다. 필리스는 차라리 옛날 학교 친구들의 초상화를 그리는 일을 하기로 결정했다.

그녀는 색깔과 선을 묘사하는 데 뛰어난 재능이 있었다. 게다가 파리에서 생활하던 낭만적인 경험담도 그녀가 새로 시작한 사업에 톡톡히 한 몫을 하였다. 친구들은 흔쾌히 그림 값을 지불했고, 그녀의 이야기를 듣기 위해 저녁 식사에 초대하기도 하였다. 1935년의 그날 저녁, 베로니카 노트가 필리스를 초대한 것도 바로 그 때문이었다.

막상 지도를 사려고 나선 필리스는 왜 제대로 된 런던 지도가 눈에 띄지 않는지 도무지 이해할 수 없었다. 영국에서는 고대 로마 제국 이래 이천 년이 넘는 동안 수많은 런던 지도들이 그려져 왔다. 1217년에는 매튜 패리스라는 수도사가 런던탑을 알아볼 수 있을 정도로 세밀한 런던 지도를 그렸다. 그리고 1627년에는 존 스피드가 간행한 소형 런던 지도가 일약 베스트셀러가 된 적도 있다.

그러나 런던은 계속해서 팽창하였고 그 모습도 끊임없이 바뀌었다. 1935년, 필리스 페어설이 원하는 지도를 찾지 못한 이유가 바로 여기에 있었다. 당시 런던은 지하철이 건설되고 도시 곳곳이 새로 개발되는 중이어서 번지수가 없는 길이 있는가 하면, 미처 이름이 정해지지 않은 길은 기존의 다른 이름으로 같이 불리기도 하였다. 인구 700만의 복잡하기 그지없는 이 도시를 정확하게 보여 주는 지도는 어디에도 없었다. 필리스가 확인한 지도들 중 그나마 괜찮은 것은 1919년, 군사 시설물의 위치를 나타내기 위해 군에서 제작한 육지 측량부 지도 정도였다.

필리스는 뉴욕에 있는 아버지에게 전화를 걸어 새로운 런던 지도를 만들고 싶다는 뜻을 전했다. 알렉산더 그로스는 처음에는 딸의 의견을 한마디로 일축해 버렸다. 그러다가 꽤 괜찮은 구상임을 뒤늦게 깨닫고 그

런던 시민의 생명을 구한 지도

주제별 지도는 특정한 상황에 걸맞은 정보를 제공한다. 주제별 지도가 콜레라라는 무서운 전염병으로부터 런던 시민들의 목숨을 구한 사례가 있다.

콜레라는 현기증, 구토, 심한 두통, 환자의 장 내벽에서 떨어져 나온 작은 쪼가리들이 섞인 설사가 계속되는 법정 전염병이다. 콜레라균에 감염된 환자는 경련을 일으키기도 하고, 심한 경우에는 극심한 통증으로 몸이 뒤틀린 채 사망하기도 한다. 그렇다면 이렇게 끔찍한 콜레라는 어떻게 전염되는 것일까?

존 스노 박사는 콜레라가 오염된 물을 통해 감염된다는 사실을 최초로 증명한 사람이다. 1849년, 스노 박사는 자신이 발간한 소책자에서 환자의 배설물을 씻어 내린 하수물이 다른 상수원으로 흘러 들어간다면 그 물을 마신 사람들은 모두 콜레라에 감염될 것이라고 주장하였다. 이에 대해 왕립 외과 대학 측은 그 이론을 뒷받침할 만한 근거가 불충분하다며 스노 박사의 주장을 일축하였다.

런던 전체가 또다시 콜레라로 휘청거리던 1855년, 박사는 이전의 소책자에 지도 하나를 추가해 다시 출판하였다. 그 지도에는 런던의 소호 구역에서 발생한 콜레라 사망자 616명이 살던 집들이 검은 선으로 표시되어 있었는데 그 집들은 대부분 브로드 가의 펌프 주변에 몰려 있었다. 소호 구역 인근에는 11개의 펌프가 더 있었으나 그 주변에는 검은 선으로 표시된 집들이 조금 있거나 아예 없었다. 스노 박사는 브로드 가에 있는 펌프 손잡이를 모두 제거하라고 설득하였다. 주민들은 이유를 잘 몰랐지만 그의 말에 따랐다. 그러자 콜레라 발생 건수가 점점 줄어들더니 이내 잠잠해졌다. 나중에 펌프 위쪽에 묻혀 있던 하수도관에서 새어 나온 오염된 하수물이 브로드 가의 펌프 수원으로 흘러 들어가 콜레라가 전염되었음이 밝혀졌다.

사업을 자신에게 넘기라고 제안하였다. 필리스는 자신이 직접 하겠다고 고집하였다. 화가 치민 알렉산더는 수화기를 집어던지고 곧바로 딸에게 전보를 쳤다.

"네 고집이 일을 어떻게 망칠지 한번 두고 봐라!"

그러나 필리스의 결심은 조금도 흔들리지 않았다.

필리스는 우선 육지 측량부 지도 세트를 구입해서, 그 지도를 기본으로 자신이 조사한 최신 정보를 더해 수정하기로 계획하였다. 그녀는 날마다 거리로 나가 직접 걸어 다니며 일일이 확인을 한 다음 새로운 번지와 지하철 정류장을 추가하고 없어진 길을 삭제해 나갔다. 하루 열여덟 시간 가량 거리를 헤매고 집에 돌아오면 피로에 지친 두 발을 물에 담그고, 그날 수집한 정보들을 알파벳순으로 표시된 카드에 옮겨 적었다. 날마다 이런 작업을 반복했으므로 필리스는 "나중에 책 제목으로 'A에서 Z까지'말고는 다른 안이 떠오르지 않았다."라고 회고하였다. 아버지로부터 또다시 전보가 날아왔다. 아버지는 책 제목을 'OK 런던 지도'로 정하라고 성화였지만 필리스는 그 말을 따르지 않았다.

자유롭게 예술 작품을 그리던 필리스의 손은 런던의 도로를 그리기 위해 수학적 엄격함에 익숙해져야 했다. 그녀는 일 년 이상 지도를 그리는 데 전념하였다. 그리고 나서 부모가 경영하던 지오그라피아 사의 옛 직원들을 일일이 찾아다니며 그녀가 런던 지도를 간행할 수 있게 도와 달라고 설득하였다.

초판 『런던 A에서 Z까지』의 표지에는 '알렉산더 그로스의 감수 아래 제작되었음'이라는 문구가 쓰여 있다. 물론 그는 아무 일도 하지 않았고 어떤 도움도 주지 않았지만 필리스는 사랑하는 아버지에게 영예를 돌리고 싶었던 것이다. 게다가 알렉산더는 오래전부터 지도 제작자로 명성이 높았지만 필리스 자신은 아직 무명에 불과하였다.

알렉산더의 이름이 표지에 실렸음에도 불구하고 그녀의 안내서는 서적상들의 관심을 끌지 못하였다. 필리스가 여자라는 이유만으로 그녀를 만나지 않으려는 사람들도 많았다. 그들이 보기에 필리스의 여행 안내서는 왠지 전문성이 떨어져 보였다. 한 영국인 나치주의자는 필리스를 유대인으로 의심해 아예 만나는 것을 거부하기도 했다.

필리스는 부지런히 사람들을 찾아다니며 자신의 안내서에 관심을 기울여 달라고 사정했다. 일단 그녀의 안내서를 취급해 본 서적상들은 뜻밖에도 잘 팔리자 더 많은 양을 주문하였다. 그때 갑자기 알렉산더가 런던을 방문하였다. 한창 번창해 가는 딸의 회사 '지오그래퍼 A-Z'에 구미가 당긴 알렉산더는 필리스에게 동업을 제안하였다. 아버지가 자신과 동업자가 되고 싶어 한다는 사실에 우쭐해진 필리스는 선뜻 그 제안을 받아들였다. 아버지가 멀리 뉴욕에 떨어져 있으므로 크게 문제될 일은 없을 것 같았다.

그것은 큰 실수였다. 미국으로 건너간 알렉산더는 쉬지 않고 전보를 쳐 딸을 닦달하기 시작했다.

"모든 일은 나와 먼저 상의해야 한다. ……내가 시키는 대로 해!"

한번은 필리스가 『런던 A에서 Z까지』 25만 부를 새로 인쇄하였다고 보고하자 알렉산더는 크게 화를 냈다.

"너는 네 엄마의 무모함을 그대로 닮았구나! 네 멋대로 일을 저질렀으

어느 날 길을 걷던 필리스는 T로 시작하는 거리 이름을 적어 넣은 상자를 떨어뜨렸다. 필리스가 황급히 길 위에 흩어진 카드들을 주워 담았지만 그중 한 장이 불어오는 바람에 날아가 달리는 버스 지붕 위에 내려앉고 말았다. 이 때문에 『런던 A에서 Z까지』 초판에는 런던에서 가장 유명한 장소 중 하나인 트라팔가 광장이 빠졌다. 위에 실린 최신판 『런던 A에서 Z까지』에 빨간색으로 표시된 부분이 문제의 트라팔가 광장이다.

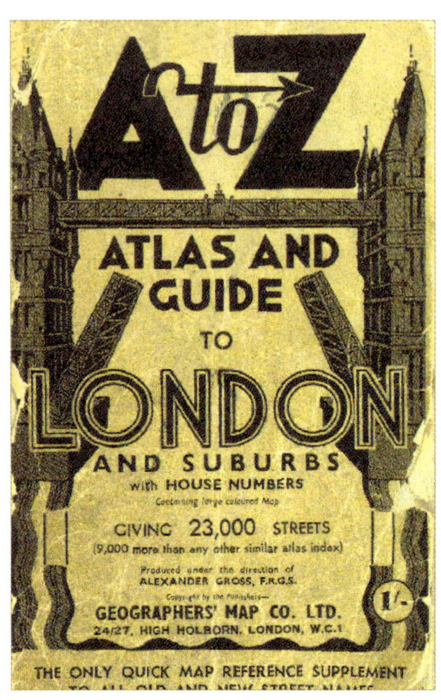 

1936년 초판이 발간된 이래 6,000만 부가 팔려 나간 여행 안내서 『런던 A에서 Z까지』의 초창기 표지와 최신판 표지.

니 어려움이 닥치더라도 내 도움은 절대 기대하지 마라!"

한창 전쟁 기운이 감돌던 1939년이었다. 히틀러의 나치 군대가 폴란드를 점령하자 마침내 영국도 전쟁에 뛰어들었다. 전쟁이 시작되었으므로 종이가 턱없이 부족할 뿐만 아니라 조만간 영국을 침공해 올 독일에 이롭게 작용될 수도 있다는 이유로 영국 정부는 모든 지도의 제작을 금지시켰다. 지오그래퍼 A-Z는 문을 닫았다. 날마다 계속되는 독일군의 공습으로 런던은 쑥대밭이 되었다. 필리스는 지도를 만들기 위해 수없이 오갔던 거리들이, 무너진 건물들의 잔해로 가로막혀 버렸다는 사실을 깨달았다. 동네 전체가 아예 없어진 경우도 있었다.

1945년, 드디어 전쟁이 끝났다. 런던에 주둔한 미군들은 미로같이 복잡하게 얽혀 있는 데다 여기저기 폭격으로 무너져 내린 거리에서 길을 잃기 십상이었다. 제대로 된 런던 지도가 필요한 시점이었다. 사람들이 무엇을 원하는지 재빨리 간파한 알렉산더는 곧바로 그 일에 착수하였다. 그는 동업자로서의 권리를 행사하고, 자신의 딸을 아예 회사에서 밀어내기 위해 직접 런던으로 날아왔다. 그러고는 그냥 그림이나 그리며 사는 것이 더 행복할 것이라는 말로 필리스를 설득하며 사업을 포기하도록 유도하였다.

아버지와 딸은 런던의 한 식당에서 한바탕 싸움을 벌였다. 알렉산더는 한갓 여자인 필리스에게 회사를 맡길 수는 없다는 편지를 아들 토니에게 보냈다. 그리고 토니에게 자신의 회사 지분을 넘겨주었다. 가족을 부양해야 했던 토니는 아버지의 제안을 기꺼이 받아들였다. 아버지와 오빠로부터 엄청난 배신을 당한 필리스는 충격으로 쓰러져 시력까지 잃게 되었다.

그러나 이번에는 알렉산더와 토니가 당할 차례였다. 지오그래퍼 A-Z사의 직원들이 나서서 회사에 아무런 관심도 없는 외부인들을 위해 일할 생각은 전혀 없다는 뜻을 밝혔다. 그들은 필리스 편에 서기로 결정했던 것이다. 알렉산더와 토니는 자신들이 주장을 굽히지 않는다면 지오그래퍼 A-Z사가 문을 닫게 될지도 모른다는 사실을 뒤늦게 깨닫고는 회사에서 손을 뗐다.

몇 달 동안 안정을 취한 필리스는 시력을 되찾았다. 그녀는 아버지와 오빠를 용서한 뒤 회사를 다시 일으키는 일에 전념하였다. 다행히 그로스 가족은 그 뒤로는 더 이상 다투지 않았다. 그러나 알렉산더는 이전 버릇을 완전히 버리지 못하였다. 1957년, 또다시 파산한 알렉산더는 지오그래퍼 A-Z사를 손아귀에 넣으려고 궁리하였다. 그는 딸에게 조만간 런던으로 돌아가겠다는 전보를 쳤다. 매사에 낙천적인 필리스는 "사랑하는 아빠, 모두들 아빠와 지낼 즐거운 시간들을 고대하고 있습니다."라는 답장을 보냈다.

한창 번창하는 딸의 사업을 가로챌 욕심에 가득 차서 정기 여객선 퀸 메리호에 오른 알렉산더는 배가 대서양 한가운데 어디쯤을 항해할 때 잠자던 중 조용히 마지막 숨을 거두었다. 지오그래퍼 A-Z사는 계속 번창해 나갔다.

필리스는 능력 있는 경영자였다. 그녀는 믿을 만한 사람들을 채용해 그들 스스로 알아서 일을 꾸려 가도록 조치해 놓고, 자신은 세계 곳곳을 여행하며 그림을 그리고 친구들을 만났다. 필리스가 대모가 되어 세례를 받은 아이들만큼은 그녀를 '앤티 피그(꿀꿀이 아줌마)'라고 부를 수 있었다. 그러나 이제 가족이나 다를 바 없는 직원들에게도 필리스는 여전히 '전설의 미세스 P'였다.

1996년, 필리스는 마지막으로 공개 석상에 모습을 드러냈다. 지오그래퍼 A-Z사의 창립 60주년을 기념하기 위해 200명이 넘는 회사 직원과 그 가족들을 데리고 프랑스에 있는 유로 디즈니로 여행을 떠났을 때였다. 아흔이 다 된 필리스가 휠체어에 앉아서 미소를 짓고 있는 동안, 직원들은 지오그래퍼 A-Z사가 200종 이상의 지도를 제작한 세계 최고의 지도 제작 회사라는 사실을 자축하였다.

지도는 땅에 대한 권리를 확보해 준다. 그러나 필리스 이소벨 그로스 페어설은 정복자나 식민지 시대의 개척자가 아니었다. 그녀가 만든 지도들은 런던 시민이나 관광객 같은 보통 사람들이 복잡한 도시에서 길을 찾을 수 있는 길잡이가 되어 주었다. 또한 그녀의 지도는 여자도 얼마든지 사업에 성공할 수 있다는 사실을 증명해 주었다. 필리스의 이야기는 애정 어린 마음을 갖고 열심히 일한다면 아무리 욕심으로 일그러진 가족 관계일지라도 풀어 나갈 수 있다는 것을 보여 주는 좋은 예라 하겠다.

항공사진과 인공위성

1966년 날씨가 포근한 어느 저녁, 스튜어트 브랜드가 친구들과 함께 샌프란시스코의 한 건물 옥상에 앉아 보름달을 쳐다보고 있다. 러시아와 미국이 우주 공간에 차례로 인공위성을 쏘아 올린 지도 벌써 구 년이 지났다. 오늘 밤에도 인공위성들은 저 높고 캄캄한 하늘을 돌고 있을 것이다. 늘 기발한 생각을 해 내는 자유로운 몽상가 브랜드가 불쑥 말을 꺼낸다.

"왜, 아직도 지구 전체를 찍은 사진을 볼 수 없을까?"

친구들 역시 우주에서 지구 전체를 찍은 사진이 반드시 있을 것이라고 생각한다. 다음 날 브랜드와 친구들은 그런 의문점을 써 넣은 배지를 만든다. 그리고 공공 도서관으로 달려가 미국 상하원 의원들과 비서관들의 주소뿐 아니라 소비에트 연방 정치국 소속 위원들의 주소까지 찾아내 배지를 우송한다.

작전은 대성공이다. 먼저 의원 비서관들이 배지를 가슴에 달자, 그것을 본 정치인들이 이 문제에 관심을 갖고 미 항공 우주국에 정식으로 문제

달나라로 가던 아폴로 17호의 승무원들이 찍어 보낸 지구 사진.

를 제기한 것이다. 마침내 아폴로 17호의 비행사들이 우주에서 찍은 지구 사진 한 장이 세상에 공개된다. 이 사진은 브랜드가 1968년부터 1985년까지 발간한 히피들의 성서인 『지구 안내서』 최신판에 실리게 될 것이다.

오늘날에는 항공사진이 지도를 만드는 데 가장 중요한 도구로 사용된다. 항공사진은 태풍의 진로라든지 농작물의 수확량 예측, 각종 수자원의 오염 상태, 각국의 군사력 증강 실태 등에 대한 답을 제시해 준다.

물론 항공사진이 인간이 만든 지도를 완전히 대신할 수는 없다. 도로에 이름을 붙이고, 정치적인 경계선을 표시하고, 사진에 보이는 선이 도로인지 울타리인지 판단하는 등의 일은 여전히 인간의 몫이다. 그러나 하늘에 있는 눈들은 우리에게 새로운 능력을 부여해 준다.

그 눈들은 시간을 초월해 지도를 그릴 수 있게 해 주기도 한다. 고고학자들은 항공사진을 분석해 수천 년 전에 지어진 건축물의 형태를 추적해 낼 수 있다. 1920년, 영국의 조종사 오스버트 크로퍼드가 찍은 스톤헨지의 사진들은 수수께끼에 둘러싸인 이 고대 거석물들이 한때는 에이번 강에 이르는 길까지 늘어서 있었다는 사실을 밝혀 주었다. 이처럼 항공사진은 인간이 도달할 수 없는 시간과 공간으로 우리들의 시야를 넓혀 준다. 인간은 아직 화성에 발을 딛지 못하였다. 하지만 1976년, 우주선 바이킹 호에서 찍은 사진들을 통해 화성의 황갈색 사막들을 관찰할 수 있었다.

사람이 하늘에 올라 세상을 내려다보려는 시도가 처음으로 성공을 거둔 것은 18세기 말 프랑스에서였다. 1783년 6월, 몽골피에 형제는 최초로 뜨거운 공기를 불어 넣은 기구를 하늘에 띄웠다.(미셸과 에티엔 형제는 굴뚝의 연기가 하늘로 올라가는 모습을 보고 이 방법을 고안해 냈다.) 같은 해 10월 15일에는 드 로지에라는 겁 없는 젊은이가 잔뜩 부풀린 열기구 아래 매달린 바구니에 자신의 몸을 실었다. 몽골피에 형제가 로프 줄을 늦추자 드 로지에를 실은 열기구가 하늘을 향해 떠올랐다. 열기구를 계속 떠 있게 하

열기구를 타고 하늘에서 파리 일대를 촬영하는 나다르의 용감한 모습을 화가 오노레 도미에가 스케치한 것이다. 도미에는 나다르가 '가장 높은 예술'을 창작했다고 재치 있게 평하였다.

려면 작은 스토브에 불을 지펴 기구의 공기를 뜨겁게 유지해야 했으므로 드 로지에는 지상 24m 높이에서 5분가량 머무는 데 그쳤다.

　나다르가 세계 최초로 공중사진을 촬영한 이듬해인 1859년, 에메 로세다라는 한 프랑스 장교가 공중 촬영에 의한 측량을 시도하였다. 로세다는 카메라와 육분의를 결합한 장비를 연에 실어 하늘 높이 띄웠다. 그리

가장 높은 예술

높은 곳에 오르면 훨씬 더 많은 것을 볼 수 있다. 그런데 우리 눈으로 본 것을 어떻게 포착해서 지도에 옮겨 그릴 수 있을까? 1822년, 프랑스의 루이 다게르는 화학 처리된 판 위에 명암으로 영상을 재현하는 기술을 발명하였다. 이것이 다게레오 타입, 즉 은판 사진법이다.

열기구를 타고 하늘에서 사진을 찍는 것은 심장이 약한 사람에겐 어림도 없는 일이었다. 바구니가 엉성해서 바람이 불 때마다 크게 흔들렸기 때문이다. 더구나 사진이 발명된 초기에는 습판 사진술이 이용되었는데, 이 기술은 촬영 직전에 은판 한 면에 화학 약품을 바른 다음 다시 빛이 전혀 없는 곳에서 질산 은 용액에 담가 빛에 잘 반응하도록 처리해야 했다. 그리고 일단 사진판이 노출되고 사진이 찍어졌으면 곧바로 현상을 해야 했다.

좁은 바구니 안에서 어떻게 이 모든 과정을 처리할 수 있을까? 1857년, 나다르라는 이름으로 잘 알려진 가스파르 투르나숑은 빛이 통과되지 않는 덮개만 있으면 이 문제를 해결할 수 있다고 생각하였다. 은판과 화학 약품들을 덮개로 가리고 그 속으로 손을 집어넣어 사진판을 준비하는 방법을 생각해 낸 것이다. 이 방법을 사용해 본 나다르는 열기구의 연료에서 나오는 유황 연기가 판에 묻힌 화학 약품의 감광도를 떨어뜨린다는 사실을 알게 되었다. 그 때문에 사진판에는 아무것도 찍히지 않았다. 그래서 이번에는 열기구가 내뿜는 화학 물질을 피해 바구니 밖으로 몸을 내밀고 사진판을 준비하였다. 1858년 어느 가을 날, 나다르는 세계 최초의 공중사진을 들고 열기구에서 내렸다. 사진에는 파리 변두리의 한 마을이 찍혀 있었는데 집 세 채와 길거리에 서 있는 경찰관이 보일 정도로 선명한 사진이었다.

고 이렇게 찍은 여러 장의 공중사진을 토대로 파리 지도를 만들었다.

집이든 사람이든 지상에 있는 것들을 하늘에서 내려다보면 평면의 사각형이나 원으로 보이게 된다. 따라서 지상의 물체들을 삼차원의 입체적인 모습으로 되살리려면 반드시 대상을 측면에서 포착한 사진이 필요하다. 19세기 말, 테오도르 심프러그라는 사람이 여덟 개의 렌즈가 부착된 항공 카메라를 발명하였다. 이 카메라의 중앙 렌즈는 수직으로 설치되었고, 나머지 렌즈들은 피사체의 여러 측면을 포착하도록 각도가 서로 다르게 조절되어 있었다.

이런 발전에도 불구하고 열기구를 타고 공중에서 촬영하는 일은 그리 간단하지 않았다. 열기구를 조정하는 것이 쉽지 않았기 때문이다. 몽골피에 형제가 최초로 사람을 공중으로 올려 보낸 지 120년이 지났을 무렵, 라이트 형제가 비행기를 발명하였다.

초창기에 만들어진 비행기들은 그리 안전하다고 할 수 없었다. 따라서 그런 비행기를 타고 항공사진을 찍는 일은 열기구 밖으로 몸을 내밀고 촬영하는 것보다 더욱 등골이 오싹할 일이었다. 조종사가 한편으로는 흔들리는 비행기를 조종하면서, 비행기의 버팀목에 장착된 카메라와 연결된 줄을 잡아당겨 사진을 찍어야 하는 경우도 있었다. 심지어는 비행기에 탄 사람이 조종실 바닥에 엎드려 바닥에 뚫린 구멍을 통해 사진을 찍기도 하였다. 조종실은 사방이 완전히 트여 있어서 사진사들은 추위에 꽁꽁 언 손을 비벼 가며 사진판을 갈아 끼워야 했다.

그러다 제1차 세계 대전이 일어났다. 독일군은 적의 위치를 파악하기 위해 체펠린 비행선을 동원해 공중사진을 찍었다. 이에 맞서 연합군 측은 연이나 풍선에 카메라를 장착해 비미 릿지 같은 적의 요새를 사진으로 찍었다. 지금 생각하면 원시적인 방식이기는 하지만 이렇게 찍은 사진들은 1917년, 캐나다 군대가 비미 릿지를 점령할 때 큰 도움이 되었다.

제1차 세계 대전이 끝난 뒤 오스트레일리아와 미국 등 몇몇 나라에서 공중사진술을 이용한 지리 조사를 실시하였다. 공중사진술을 가장 적극적으로 활용한 나라는 적은 인구에 비해 광대한 영토를 가지고 있는 캐나다였다. 1919년, 제1차 세계 대전이 끝나자 캐나다는 영국의 군용기들을 기부받았다. 캐나다 정부는 항공 측량을 위해 항공국을 설립하고 지상에서 측량하려면 비용이 많이 드는 먼 지역의 지도를 만들기 시작하였다.

1920년대 내내 소형 비행기들이 캐나다의 울창한 숲 위를 가로지르며 수목 한계선을 분주하게 넘나들었다. 당시의 비행기들은 기내 기압이 조절되지 않았기 때문에 주로 1,500m 고도에서 비행하였다. 따라서 바로 아래로 내려다보이는 좁은 지역을 찍기보다는 비행기 양옆으로 펼쳐진 땅을 비스듬히 찍는 것이 훨씬 더 효과적이었다. 항공국의 지도 제작자들은 원근법으로 그려진 그리드 위에 비스듬히 찍은 측면 사진들을 옮겨 그린 뒤, 그것을 다시 바둑판처럼 똑바로 펼치는 방법을 고안해 냈다. 캐나다의 항공국과 지형 측량국은 쏟아져 들어오는 수천 장의 사진을 토대로 정확한 지도를 만들 수 있었다. 1924년, 조종사들은 103,000㎢나 되는 넓은 지역을 카메라에 담았다. 이듬해인 1925년, 캐나다 정부는 기울어진 각도로 촬영한 항공사진들을 토대로 공식 지도를 만들어 세상에 공개하였다. 캐나다는 세계 최초로 전 국토를 항공 촬영한 나라가 되었다.

목재·상수도·석유 회사들도 정확한 지도가 필요하였다. 그러나 매켄지 강 유역이나 유럽 전체보다도 넓은 애서배스카 호수 동쪽의 광대한 황무지를 그린 지도는 드물었다. 그런 지역을 육로로 측량한다는 것은 불가능한 일이었다. 흔히 에스키모로 불리는 이 지역 원주민인 이누이트 족 사냥꾼들도 살아남기 힘든 황무지였기 때문이다. 때마침 로이 브라운 같은 퇴역 전투기 조종사들이 다시 하늘을 비행하고 싶어 적당한 일거리를 찾고 있었다. 그들은 미개척지 조종사 회사를 설립해 항공 측량을 실시하기로 하였다. 비행기에 지질학자들을 태워 황무지를 측량해서 그 땅에 대한 권리를 확보하려는 것이었다.

1929년 9월, 도미니온 익스플로러 클럽의 매칼파인이 동료들과 함께 황무지를 탐사하기 위해 위니펙을 출발하였다. 그러나 멀리 떨어진 숲에서 산불이 발생해 연기가 시야를 가리는 데다 때마침 강풍까지 불어 비행기가 예정된 항로를 이탈하고 말았다. 매칼파인 일행은 어쩔 수 없이 북극해 부근의 거대한 호수 위에 비상 착륙하였다. 당시 조난자들을 발견한 이누이트 족의 설명에 따르면, 도움을 청할 만한 곳은 바다 건너 빅토리아 섬의 케임브리지 만에 있는 허드슨베이 회사의 지점밖에 없었다. 비행기의 연료가 충분하지 않았기 때문에 그곳까지 가려면 걸어서 바다를 건너야 했다.

이누이트 족은 바다가 좀 더 단단하게 얼어붙으면 조난자들을 케임브리지 만까지 안내할 생각이었다. 11월이 되어 얼음이 얼어붙기 시작하자 이누이트 족과 매칼파인 일행은 케임브리지 만을 향해 출발하였다. 그런데 아기를 동반한 한 이누이트 족 여인이 미처 얼음이 단단하게 얼어붙지 않은 곳에 발을 디디고 말았다. 여인은 재빨리 바닥에 엎드렸다. 자신의

레드 바론

독일의 만프레드 폰 리히트호펜은 제1차 세계 대전에서 전설적인 조종사로 이름을 날린 인물이다. 귀족 출신인 리히트호펜은 자신의 포커 삼엽기 옆면을 빨간색으로 칠했기 때문에 '레드 바론(붉은 남작)'이라고도 불렸다. 레드 바론이 1918년까지 격추시킨 연합군 비행기는 무려 80대에 달했다.

1918년 4월 21일, 오스트레일리아 비행 중대 관측기들이 프랑스 북쪽 들판 위를 날아가는 광경이 레드 바론의 눈에 포착되었다. 그 비행기들은 영국 공군 소속의 캐나다 인 로이 브라운이 지휘하는 소프위스 카멜 편대로부터 엄호를 받고 있었다. 브라운은 그날 아침 처음으로 전투에 나선 친구 윌프리드 워프 메이의 비행을 주시하고 있던 참이었다.

가급적이면 공중전을 피하라는 브라운의 당부에도 불구하고 메이는 독일 전투기들을 향해 발사하기 시작하였다. 그러다가 총이 고장 나자 메이는 영국의 비행 편대 쪽으로 방향을 선회하려고 하였다. 그때 레드 바론이 메이의 전투기가 빠져나가려는 것을 발견하고 즉시 추격하기 시작하였다. 친구가 위험에 빠진 것을 알아차린 로이 브라운 역시, 급히 비행기의 고도를 낮추었다. 세 전투기는 프랑스의 들판 위에서 나무 꼭대기에 닿을 정도로 아슬아슬한 비행을 하며 추격전을 벌이다 영국 측 영공으로 들어가고 말았다. 지상에서 적의 포커기를 발견한 오스트레일리아 출신 포병 로버트 부이가 붉은 포커기를 향해 조준하였다. 그와 동시에 뒤에서 바짝 추격하던 로이 브라운도 레드 바론에게 총구를 겨누었다. 포커기는 계기판 위로 쓰러진 레드 바론과 함께 추락했다. 메이와 브라운은 훗날 미개척지 조종사가 되어 캐나다 북쪽에 펼쳐진 광활한 황무지를 비행하며 항공 측량을 실시한 전설적인 인물들이 되었다.

무게를 얼음 위에 넓게 분산시키기 위해서였다. 그러는 사이 다른 일행들이 그 여인을 끌어당겨 구조하고 옷을 말리게 하였다. 드디어 허드슨베이 회사 소속의 모드호가 보였다. 그들 일행과 모드호 사이는 5km쯤 떨어져 있었는데 얼음이 제대로 얼지 않아 안전하지 않았다. 이누이트 족은 얼음이 깨지는 속도보다 빨리 뛰는 수밖에 없다고 판단하였다. 그래서 이누이트 족과 도미니온 클럽의 탐험가들은 남자 여자 할 것 없이 모두 죽을힘을 다해 배를 향해 뛰었다.

한편 노련한 조종사 로이 브라운과 다른 조종사들은 실종된 탐사대원들을 찾기 위해 가을 내내 수색 작업을 벌였다. 11월 4일, 구조대는 실종된 대원들이 모드호에 안전하게 탑승했다는 내용의 무선 신호를 수신하였다. 구조대가 탐사대원들을 비행기에 태워 귀환 길에 올랐다. 그런데 연료를 보충하기 위해 잠시 착륙할 때 브라운이 조종하는 비행기의 날개가 부러지고 말았다. 브라운의 비행기는 눈이 쌓인 둔덕에 불시착하게 되었다. 다른 조종사들은 부상당한 브라운을 망가진 비행기 안에 남겨 둔 채 비행을 계속하였다. 브라운은 일주일 후 다른 구조대에 의해서 구조되었다.

제2차 세계 대전이 종전됨에 따라 지도 작업을 도맡아 하던 미개척지 조종사들의 황금시대도 막을 내리게 되었다. 전쟁이 끝난 후 미국과 소비에트 연방은 냉전 시대의 적이 되어 팽팽히 맞섰다. 과학 기술과 군사 분야에서 우위를 점하기 위한 양측의 치열한 경쟁이 시작된 것이다. 1955년, 미국은 조만간 인공위성을 발사해 궤도에 진입시킬 수 있는 로켓 개발 사업을 완료할 것이라고 발표하였다. 그러나 1957년 10월 4일, 소비에트 연방이 한발 앞서 83kg 크기의 인공위성 스푸트니크호를 발사하였다.

스푸트니크 사건은 서방 진영을 충격으로 몰아넣었다. 훗날 대통령이 된 미국 상원 다수당의 지도자인 린든 존슨은 당시의 심경을 다음과 같이 밝혔다.

"로마 제국이 세계를 지배하게 된 것은 그들이 도로를 건설했기 때문이다.…… 대영 제국의 영광은 그들이 보유한 선박 때문에 가능하였다. 항공 시대에 접어들면서 우리 미국은 비행기를 보유한 덕분에 강대국이 되었다. 그런데 이제 공산주의자들이 지구를 벗어나 우주에 그들의 거점을 구축하기에 이르렀다……."

더욱 심각한 일은 소련의 인공위성이 지구 곳곳을 살피며 미국의 일거수일투족을 손바닥 들여다보듯 할 것이라는 사실이었다. 실제로 소련은 마음만 먹으면 세계 어느 곳이라도 감시할 수 있었다. 1959년, 소비에트 인공위성 루나호는 이전에는 볼 수 없던 달의 뒤쪽을 촬영해 지상 기지로 전송했다.

우주 개발 경쟁에 불이 붙었다. 1960년대에는 미국이 달 궤도를 도는 인공위성을 쏘아 올려 달 표면의 99퍼센트를 조사하였다. 우주선 아폴로 11호를 착륙시킬 지점을 고르기 위해서였다. 이제 지도를 만드는 일은 공식적으로 지구라는 영역을 벗어나 태양계의 다른 혹성으로 확대되었다.

다리가 넷인 아폴로 착륙선을 평평한 지점에 착륙시키기 위해서는 달 표면에 대한 구체적인 정보를 확보해야만 했다. 1969년 6월 20일, 인공위성 사진들을 토대로 치밀하게 만든 지도 덕분에 미국의 달 착륙선이 최적의 지점, 즉 달 표면의 북위 0도 41분, 동경 23도 25분에 위치한 고요의 바

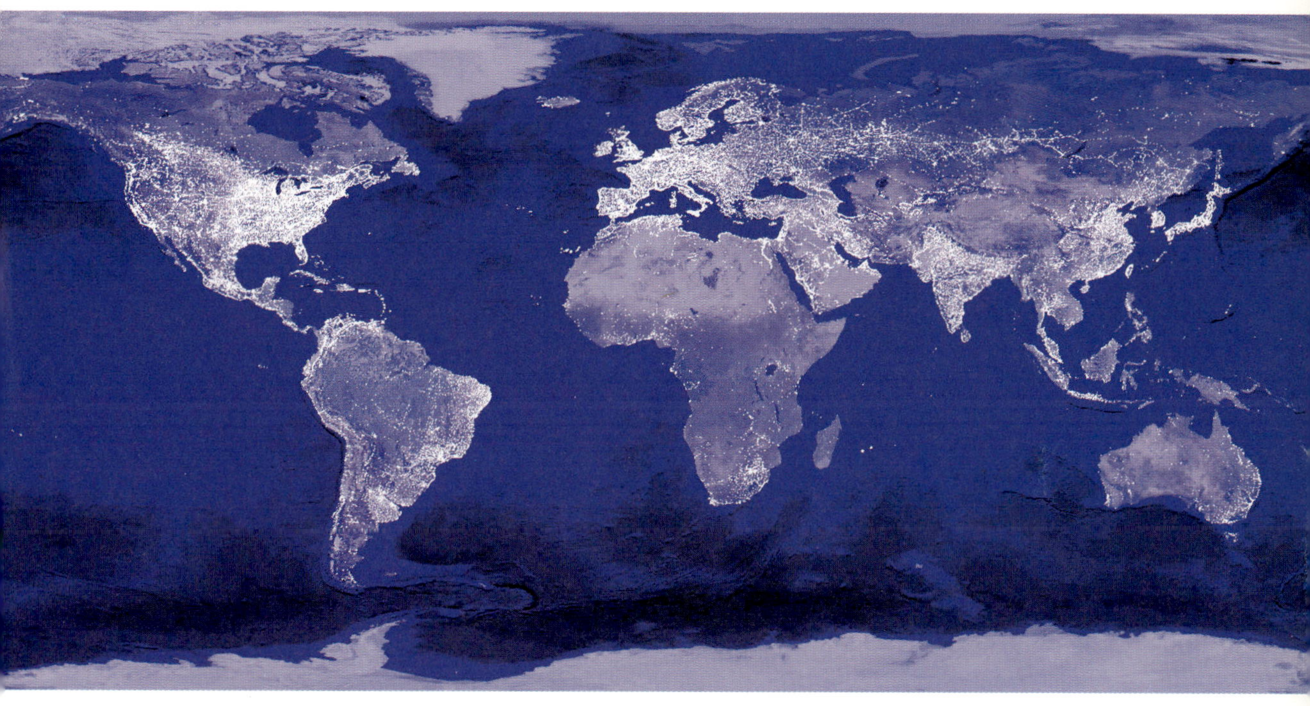

전 세계 도시들의 야간 조명도를 보여 주는 미 항공 우주국의 사진. 유럽과 미국의 도시들이 다른 도시들에 비해 상대적으로 밝다는 것을 한눈에 확인할 수 있다. 반면 아프리카, 오스트레일리아, 남아메리카 내륙 등 인구 밀도가 낮거나 전력이 충분하게 공급되지 않는 지역은 불빛이 어둡다.

다에 착륙할 수 있었다. 그곳이 바로 인류 최초로 달에 발을 디딘 우주인 닐 암스트롱이 "독수리호가 착륙하였다."라는 소식을 지구로 송신한 지점이다.

그로부터 수많은 우주선들이 우주 탐험에 나섰다. 우주선에는 바이킹·마젤란·갈릴레오·챌린저·카시니-휘겐 등 역사상 위대한 탐험가나 지도 제작자, 선박들의 이름이 붙여졌다.

우주 지도 만들기

마거릿 겔러는 화학자인 아버지가 어린 그녀에게 현미경을 통해 눈송이 결정체를 보여 주었을 때부터 이미 과학자가 되겠다는 꿈을 키웠다. 그리고 우주 지도를 만드는 일에 자신의 평생을 걸기로 결심하였다. 겔러 자신의 표현을 빌자면 그것은 '그다지 대단할 것도 없는 일'이었다.

1980년도 초반, 겔러와 동료 천문학자 존 허치라는 매사추세츠 주 케임브리지에 있는 스미스소니언 센터의 천체 물리학 연구소에서 일하였다. 그들은 북반구 하늘에 떠 있는 일만 개가 넘는 은하계들의 거리와 위치를 측정하기 시작하였다. 그리고 측정한 자료를 대학원생 발레리 드 라파렝에게 넘겨주어 컴퓨터에 입력해서 하늘에 위치한 모습을 그리도록 하였다. 겔러는 수많은 은하계들이 마치 하늘에서 떨어지는 눈송이처럼 우주에 고르게 위치해 있을 것이라고 짐작하였다. 그러나 막상 우주 지도를 확인해 보니 결과는 전혀 뜻밖이었다. 겔러는 훗날 은하계의 모습을 다음과 같이 설명하였다.

"은하계들은 거대한 암흑의 공간을 둘러싼 얇은 막처럼 분포되어 있는데, 서로 떨어진 최대 거리가 2억 광년에 이르며 비눗방울과 같은 모양입니다."

과학자들은 이와 같은 비눗방울 모양의 둘레를 '만리장성'이라고 부른다. 규모는 사실 어마어마하다. 은하계들이 모여 얇은 막을 이루고 있다고는 하지만 그것들의 실제 두께는 2,000만 광년이나 될 만큼 엄청나다. 남쪽 하늘을 관찰하던 과학자들은 남쪽 은하계 만리장성도 발견하였다. 그렇다면 이 만리장성 너머에는 무엇이 있을까? 이 문제에 답할 수 있는 사람은 없다. 겔러와 그의 동료들은 삼차원 입체 우주 지도를 완성하였다. 무한한 우주 공간을 나타낸 이 지도를 본 사람들은 우리가 늘 보는 비누 거품이 떠오른다고 말하기도 하였다.

이처럼 우주선들이 머나먼 우주 공간으로 시야를 넓혀 가는 동안 다른 인공위성들은 지구를 돌며 세계 곳곳을 조사하였다. 미국 정부가 1970년대에 쏘아 올린 랜드샛(지구 자원 탐사위성)은 900km 상공에서 지구를 관측하는 인공위성으로서 짧은 날개가 달려 있다. 랜드샛은 가시광선에서 적외선까지 넓은 파장 범위의 영상을 얻을 수 있는 멀티 스펙트럼 스캐너를 사용해 1:500,000 축척 사진을 찍어 지구로 전송해 주었다.

1972년 1호가 발사된 이후 삼 년 주기로 발사되는 랜드샛은 지도 제작에 획기적인 변화를 가져왔다. 이 위성이 찍은 사진들을 토대로 남극 지도가 수정되었고, 육지에서 멀리 떨어진 작은 섬들의 위치도 조정되었다. 인공위성은 지구가 안고 있는 문제점들을 진단할 수 있는 영상들도 보내

인공위성에서 본 허리케인 엘레나의 모습. 1985년 멕시코 만에 또아리를 튼 이 허리케인은 플로리다를 강타해 다섯 명의 목숨을 앗아 갔다.

준다. 예를 들면 도시의 팽창, 농작물의 피해 규모, 아마존 밀림 지대의 파괴 실태 등을 정확하게 보여 주는 것이다.

미국, 프랑스, 이스라엘 등과 개인 기업들이 보유하고 있는 최첨단 인 공위성들은 해변에 누워 있는 사람 크기의 물체까지도 포착할 수 있다.

1966년 그날, 샌프란시스코의 밤하늘을 올려다보며 스튜어트가 상상 했던 것처럼 우주 사진들은 우리가 어디에 있으며, 어떤 존재인지에 대한 인식을 바꿔 주는 계기가 되었다. 아폴로 우주선에서 전송해 온 지구 사 진들, 지구 전체의 모습과 달의 지평선을 떠오르는 지구의 모습을 담은 사진들을 통해서 우리들의 관점이 달라지게 된 것이다. 그 사진들은 마치 지구 밖에 존재하는 어떤 생명체가 우리를 바라보는 것처럼 우리 스스로 를 바라볼 수 있게 해 주었다.

우리는 우주에서 찍은 사진들을 보면서 비로소 우리가 사는 지구가 얼 마나 독특하고, 얼마나 외롭게 떠 있는 혹성인가 하는 점도 알게 되었다. 인간이 최초로 자신의 주변으로 시야를 돌려서 이곳과 저곳의 차이를 지 도로 그리려고 시도하던 때부터 품어 왔던 수많은 의문들이 우주 사진들 을 통해서 확인된 것이다. 우주 사진들은 또한 우리가 아직 잘 알지 못하 는 거대한 우주 공간 속에서 회전하고 있다는 사실을 증명해 주었다. 그 곳, 우주에는 수없이 많은 이야기들이 우리를 기다리고 있을 것이다.

인류는 오래전부터 지도를 만들어 왔습니다. 사람들이 지도를 만든 이유는 무엇이었을까요? 아마도 자신들이 살아가는 세계에 대한 지식과 정보들을 다른 사람 특히 다음 세대에게 전해야 할 필요성 때문이었을 것입니다. 그래서 지도를 만드는 사람들은 주어진 환경 속에서 가장 적절하고 유용한 형태의 지도를 만들어 냈습니다. 지도의 범위가 양피지나 비단, 종이 위에 글과 그림으로 나타낸 전형적인 형태를 넘어 나무판에 새긴 지도, 야자나무 줄기와 조개껍데기를 엮어 만든 지도는 물론 누비이불 지도, 노랫말이나 이야기로 전해지는 구술 지도까지 확장되는 이유가 여기 있습니다.

하지만 인류는 자신들이 알고 있는 길만을 지도로 만들어 남긴 것은 아닙니다. 사람들의 끊임없는 호기심은 한 번도 가 보지 않은 '미지의 세계로 가는 길' 조차도 지도로 만들게 하였고, 이렇게 만들어진 지도들은 또 다른 사람들의 호기심을 자극해 마침내 미지의 세계를 정복하고 우주 공간까지 탐험하도록 이끌게 되었습니다.

『지도를 만든 사람들 – 미지의 세계로 가는 길을 그리다』는 이처럼 한 장의 지도에 얽힌 무수한 이야기들이 담겨 있는 책입니다. 처음 이 책을

접했을 때 그동안 알지 못했던(혹은 생각지도 못했던) 인문학적 지식과 다양한 사진들을 보고 참으로 흥미로운 책이구나 감탄했던 생각이 납니다. 그리고 이렇게 재미있는 책을 우리 독자들에게도 소개하기 위해 번역하면서 저자의 폭넓은 시각에 매료당하게 되었습니다.

가장 반갑고 흥미로웠던 점은 이 책이 서구 중심적인 세계관 특히 기독교 중심주의에서 벗어나 있다는 것이었습니다. 교과서를 포함한 대부분의 책들, 특히 서구인의 시각에서 서술된 책들은 대항해 시대의 도래와 지리상의 발견을 서구 문명의 승리로 추앙하는 관점이 많은데 발 로스는 그로 인해 파괴되고 만 원주민들의 삶과 이면의 역사에도 비교적 고른 시선을 보내고 있습니다. 항해왕 엔리케와 노예무역의 역사, 아메리카 내륙 지도의 탄생과 인디언들의 몰락, 마침내 구술 지도를 인정받아 조상들의 땅을 되찾게 된 이야기 등이 그렇지요.

물론 아쉬운 점도 있습니다. 미국에서 발행된 책들 중 소재의 범위를 세계 전체로 잡은 책들의 경우 서구권 나라들의 예가 대부분을 차지하고, 다른 대륙에 속한 나라들은 한두 개 구색 맞추기 정도로 끼어 있게 마련인데, 그나마도 아시아에서는 매번 중국이나 일본이 대표로 등장하게 되

므로 쓸쓸함을 느낄 때가 많습니다. 이 책도 예외는 아니어서 우리나라의 인물이나 이야기는 없습니다. 하지만 과연 우리 자신은 우리 역사를 제대로 알고 있는가 하는 반성도 따릅니다. 일본의 역사 교과서 왜곡 문제라든지, 독도 영유권이나 동해 표기 문제, 중국과의 국경에 대한 공방들이 제기될 때마다 너나할 것 없이 성토하는 분위기에 빠져들지만 이제라도 우리 것들을 바르게 알고 제대로 채워 나가야겠다고 생각하는 사람들은 많지 않은 것 같습니다. 왜곡되고 잊혀진 우리 역사와 인물들이 올곧게 되살아나려면 우리 자신이 먼저 많은 관심과 애정을 기울여야 한다고 봅니다. 우리가 복원해 낸 김정호와 대동여지도 이야기가 다른 나라 청소년들에게 소개되어 우리가 이 책에서 느끼는 것과 같은 감동을 그들에게도 전할 수 있기를 바라면서.

2007년 3월
옮긴이 홍영분

지도를 만든 사람들

첫판 1쇄 펴낸날 2007년 4월 5일
4쇄 펴낸날 2009년 4월 1일

지은이 발 로스
옮긴이 홍영분
펴낸이 박성규

펴낸곳 도서출판 아침이슬
등록 1999년 1월 9일 (제 10-1099호)
주소 서울시 마포구 합정동 411-2(121-886)
전화 (02) 332-6106 | 팩스 (02) 322-1740
이메일 21cmdew@hanmail.net

ISBN 978-89-88996-73-7 43980

책값은 뒤표지에 있습니다.

Chaoma ina Kotan
Ici Campent
LES TARTARES MONGUS
ou
MOGOLS
Soumis a la Chine
Kou-kou-ko
TARTARES
ORTOS
Kinla
To-cheu
Kan
Whang Ho
Muraille
Kolan
Grande
Kia
Suite
Ling
TARTARES
Leang
Elacon Nor Lac
DE KOKONOR
Yen ngan
CHA
Tienma
CHEN-SI
Fu
Sie
Cay Yven
Ping
Alac Nor
Tegen Nor
Whang Ho
Lan
Ling tau
Ping lyang
King yang
Kia
Sources du
Whang-Ho
Lac Hoei
Cong chang
Kin
Ning
Pin
Yae
Whay
Fongtsiang
Tong
Yen
Riv Oei
SIN-GA
Ven
Cheng
Kian
Han chang
Yuen-yang
Vang
Gourman
Montagne
Rallee
Ying Kiang
Montagnes
Kiun
SIFAN
Long ngan
Huaian
LATON
Montagnes
Kontaila
Ouei
Mae
Kieu
Pauming
Ta
Que cheu
Koue
Han
Mien
Pan
Con chu cong
Chun
CHNOTU
Chan King
Quang yang
Co
Chcheu
Fena
Ten kar yong
Peu Kiang
Mi
Chong King
Peu
Po
SECHUEN
Kolong
Chi Idew
Chang te
Ta
Hi-seu Kendi
chialang
Mahu
Su cheu
Pey
Thi gan
Seman
Chng cheu
HUQU
Yun ning tu
Yang tse Kiang Riv
Umong tu
Chin yung
Tsung Y
Tong jun
Likiang tu
Moela
Kienti
Chin yven
Bechen
Cheten yven
Pau hing
Koling
Yume po
Weyning
QUEY YACNO
Ping yven
Oukdu
Yang
Tong chuen
Tusen
Seram
Talin
Yun ngan
Nan chan
QUEY CHEU
Mongwha
Uune
Ku chen
Pogan
miaocese
sauvages
Watam
QUEY TSYONG
Yenchan
Chu yang
Ching hyang
Nali
Ping lo
Santa
Chun ning
King tong
Quan si
Se chin
Hchi
Kin yven
Lycu chen
Gang
Uchen
YUN-NA
Quang nan
Tifu
Tien
Chin ngan
Queite
Sm cheu
Tao R
ROY DE PEGU
Yeum Kyang
Ling ngan
Kay wha
Senchen
Pin
Napning
Volmo
Cuechun
Tay ping
Chang se
Ken
Kan
Chan cheu
Seming
Lycu chen
ROYAUME DE TUNQUIN

Nota.
Pour éviter la confusion on n'a marqué
sur cette Carte que les Villes du Premier ordre